我发现了奥秘

世界上最最活泼的植物书

[韩]李浩先◎编著

吉林出版集团股份有限公司

图书在版编目(CIP)数据

世界上最最活泼的植物书/(韩)李浩先编著.—长春:
吉林出版集团股份有限公司,2012.1（2021.6重印）
（我发现了奥秘）
ISBN 978-7-5463-8085-8

Ⅰ.①世… Ⅱ.①李… Ⅲ.①植物—儿童读物
Ⅳ.①Q94-49

中国版本图书馆CIP数据核字(2011)第264141号

我发现了奥秘
世界上最最活泼的植物书
SHIJIE SHANG ZUI ZUI HUOPO DE ZHIWUSHU

出版策划：孙　昶
项目统筹：于姝姝
责任编辑：于姝姝
出　　版：吉林出版集团股份有限公司（www.jlpg.cn）
（长春市福祉大路5788号，邮政编码：130118）
发　　行：吉林出版集团译文图书经营有限公司　（http://shop34896900.taobao.com）
总 编 办：0431-81629909
营 销 部：0431-81629880/81629881
印　　刷：三河市燕春印务有限公司（电话：15350686777）
开　　本：889mm×1194mm　1/16
印　　张：9
版　　次：2012年1月第1版
印　　次：2021年6月第7次印刷
定　　价：38.00元

写在前面

孩子的脑海里总是会涌现出各种奇怪的想法——为什么雨后会出现彩虹？太阳为什么东升西落？细菌是什么样的？恐龙怎么生活啊？为什么叫海市蜃楼呢？金字塔是金子做成的吗？灯是什么时候发明的？人进入太空为什么飘来飘去不落地呢？……他们对各种事物都充满了好奇，似乎想找到每一种现象产生的原因，有时候父母也会被问得哑口无言，满面愁容，感到力不从心。别急，《我发现了奥秘》这套丛书有孩子最想知道的无数个为什么、最想了解的现象、最感兴趣的话题。孩子自己就可以轻轻松松地阅读并学到知识，解答所有问题。

《我发现了奥秘》是一套涵盖宇宙、人体、生物、物理、数学、化学、地理、太空、海洋等各个知识领域的书系，绝对是一场空前的科普盛宴。它通过浅显易懂的语言，搞笑、幽默、夸张的漫画，突破常规的知识点，给孩子提供了一个广阔的阅读空间和想象空间。丛书中的精彩内容不仅能培养孩子的阅读兴趣，还能激发他们发现新事物的能力，读罢大呼“原来如此”，竖起大拇哥啧啧称奇！相信这套丛书一定会让孩子喜欢、令父母满意。

还在等什么？让我们现在就出发，一起去发现科学的奥秘！

目录

胡杨的根有多深？

我们在欣赏植物的时候，往往能看到它粗壮的树干、美丽的花朵、翠绿的树叶、珍贵的果实，却很少注意到生长在地下的根。在阴暗潮湿的土壤里，根默默地工作着，承担着最重要的任务。可以说，根是植物最重要的器官，正是根吸收水分和营养，才能使树长得更好，长得更快。

根就这样为植物提供水分和养料

你认识植物的根吧？奶奶侍弄花的时候一定告诉过你，长在土里的又细又长盘根错节的部分就是根了。根只要扎进土里，就会以最快的速度钻入土壤，它的主要任务就是吸收水分和无机盐，让整株植物快速生长。根是怎样完成它的任务的呢？首先要告诉你：根也是一个复杂的组织，其中根尖最喜欢吸收水分。根尖由根冠、分生区、伸长区、成熟区四部分组成。

根冠位于根尖的顶端。它的细胞体积较大，排列不规则，根冠具有保护分生区的作用；分生区大部分被根冠包围，细胞体积较小，排列紧密，具有很强的分裂能力，能不断地产生新细胞；伸长区位于分生区上方，细胞能迅速生长，几小时内能伸长至原长的10倍以上，是根生长最快的部分，根能不断地向土壤深处生长，是与伸长区细胞迅速伸长分不开的，伸长区也能吸收少量水分和矿物质；成熟区位于伸长区上方，细胞停止伸长，细胞内有很大的液泡，液泡里充满细液泡。表皮细胞向外突起形成根毛，表皮以内的细胞开始分化成组织。

根尖上分布着无数细小的根毛。纤细的根吸收了极其微小的水分子和无机盐离子，然后把它们输送到植物的茎和叶中。根除了吸收水分和无机盐，还能吸收一部分二氧化碳和有机物。

根以顽强的毅力不断地向水肥丰富的土层延伸，吸收的水肥越多，供给身体的养分也越多，植物也就长得越高大。

如果你挖开一棵树的根部土层，你会发现它的根系很发达，主根生侧根，侧根长支根，支根再分支，真是盘根错节。其实，每一株植物都有一个发达的根系。一株植物的根有很多很多，每条根上的根毛都数不清，一株小麦上大约就有7万多条根，而一株西伯利亚黑麦的根能有1400万条，根毛约有150亿条。想想看，真是数不过来呢。

俗话说，树有多高，根就有多深。那么，根能深入地下多深呢？你到过农村，看到过成熟的小麦吧？要是你把一株小麦从松松的土里拔出来，它有多长呢？1米多！长在地上部分的小麦秆也就是1米多啊。沙漠里的苜蓿，为了得到一点水分，会拼命地往地下扎根，根深能达到12米。根最深的有多少米呢？据说南非有一株无花果，它的根深竟然有120米，足有40层楼高了。

古老的胡杨

飞沙弥漫不见天，荒芜凄凉绝人烟。
黄沙万里不见绿，滚滚流沙吞粮田。

你认识沙漠吧？打开地图，你会发现，在地球上沙漠占了很大一部分。非洲的撒哈拉大沙漠、中国的塔克拉玛干沙漠都是世界上有名的荒漠。雨量少、气候干旱助长了沙漠的形成。全球性的大气污染、滥伐森林、盲目开垦土地、过度放牧，使沙漠的面积不断扩大。我们人类生存的地方不断遭到沙漠的侵蚀，要是地球上全都变成了沙漠，那有多可怕啊？

怎样阻止沙丘移动、沙漠扩大呢？

你会说了，植树造林啊！对了，植树造林是一个很好的办法。你知道吗，森林有很好的固沙作用。为什么呢？因为树木的根系很发达，而且盘根错节，这庞大的根系可以像网一样把沙网住，使它们没法流动。所以，那些耐沙、耐寒的乔木和灌木可就能派上用场了，比如灰杨、胡杨、沙枣、白刺等。其中，胡杨可以说是风沙的克星。

胡杨也叫胡桐、异叶杨，这是一种古老的树种，在6 000多万年前就在地球上生存了。胡杨在古地中海沿岸地区陆续出现，成为山地河谷小叶林的重要组成部分，后来，胡杨就沿着荒漠河岸边生长了。世界上的胡杨绝大部分生长在中国新疆的塔里木河流域。

胡杨属杨柳科落叶乔木，高8米至30米，耐旱，耐高温，也较耐寒，能从根部萌生幼苗，能忍受荒漠中的干旱，对盐碱有极强的忍耐力。更神奇的是，胡杨的根可以扎到地下10米深处，这样胡杨就能够尽可能地从地下吸收水分和养料，哪怕在非常干旱的地区，也能维持整棵胡杨树的生长。因为有了顽强的植物，我们这个地球也更加生气勃勃，所以，我们一定要爱护植物，爱护环境，和自然界中所有的伙伴和谐共存。

只要有根就能活下去

种子萌发以后，由胚根发育成的根叫主根，主根一般垂直地生长，长到一定长度时，就生出许多侧根，侧根又生出新的侧根。这个庞大的根系在土壤中分布范围又深又广，根系往往比树冠枝条伸展的宽度还要大呢。

你知道中国北京的四合院吧，院子里常常有一株大树，树冠比院子还要大，可是它地下的树根比树冠还要大很多很多呢！

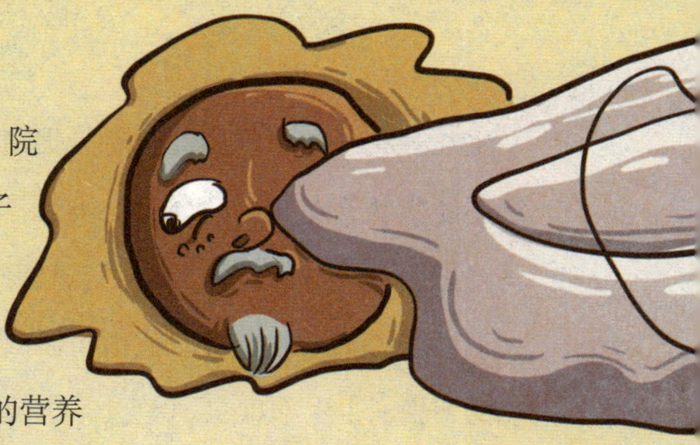

这庞大的根系，除了保证植物的营养外，还有别的用处吗？当然有。

每到寒冷的冬天，大部分花草都会无奈地结束自己的生命。可是你知道吗，有很多花草是不惧怕凛冽的寒风和雨雪天气的，它们会在严寒中安然度过。比如韭菜，在经过一个寒冷的冬天之后，到第二年初春的时候，韭菜就发芽长大了，秘密就在于它的根是耐寒的。

还有一种大家都很熟悉的植物——蒲公英。每到春天的时候，蒲公英的根部就发芽长大，然后开出好看的小黄花，当风吹来的时候，花籽随风飘走，就传到很远很远的地方生根发芽了。蒲公英的生命力多么顽强呀！

可是，你知道吗？蒲公英虽然长得不大，可是它的根能延伸到地下1米左右呢。地底下看不见的根可比露在地面的长多了。因为蒲公英的根又深又长，还藏着很多养料，普通的寒冷根本没法侵害它，所以，第二年天气温暖的时候，它就

又生长开花了。不仅如此，要是把蒲公英的根挖出来移到别的地方去，它还能生长开花呢。蒲公英还不选择生长地，不管是岩石的缝隙，还是马路边上，只要有一点土壤，它就能生长开花，这还不叫顽强吗？

根牢牢地抓住土壤，让植物骄傲地长在地面上。只要有根，植物就能活下去，生生不息。

树根有什么作用啊？

根是植物适应于陆地生活而形成的一种营养器官。植物因为有了根，才能支持地上部分，从土壤中吸收水分和无机盐，为植物的全身提供营养。树根具有分泌功能，向其周围分泌氨基酸、生物碱、有机酸等。这些物质有的能促使某些物质的解体，某些盐的溶解，有利于根的吸收；有的可以刺激微生物的繁殖，抑制细菌的生长，有利于根的生命活动。根还具有贮藏营养和进行繁殖的作用。试想一下，假如树木没有根，那它还会站立、生存下来吗？

植物的茎有长在地上的，也有长在地下的

一株完整的植物要有种子、根、茎、叶、花、果实六种器官。如果说根是植物的营养器官，那么，茎就是传输这些营养的通道。植物就是通过茎把水分和养分不断地输送到身体各部分的。假如茎被剪断了，植物就会因为得不到必要的水分和营养而枯萎。要是你把养在盆里的菊花的茎掐断了，你就会发现，菊花很快就蔫了，就是这个道理。

可别小瞧了植物的茎！

茎是由胚芽发育来的植物地上部分的营养器官。在茎上着生叶和繁殖器官，并使这些器官合理地占有一定空间，以利于光合作用、传粉受精和种子传播，茎的下部与根相连。

茎是上下器官水分与营养运输的通道。茎还具有贮藏营养和繁殖作用。茎上着生叶的部分称节。两个相邻的节之间称节间。有的植物节与节间很明显，如禾本科植物，有的则不明显。叶子脱落后，在茎上留下的疤痕称叶痕。茎上常见到许多小的突起，称皮孔，是气体交换的通道。有的茎表层被蜡质层、皮刺或毛状物覆盖。茎多为圆柱状，有的为四棱形

(益母草)，有的为三棱形(莎草)，有的为扁带形(令箭荷花)，有的为多角形(某些仙人掌科植物)。

茎有生在地上的，也有生在地下的，生在地上的就叫地上茎，生在地下的就叫地下茎。

我们能看见的地上茎也有各种各样的形式，比如，棉花的茎是直立着的、葡萄的茎是攀缘着的、牵牛花的茎是缠绕着的。为了适应环境，茎还出现了多种变态。比如，有的茎上是有刺的，像山楂、皂荚；有的茎上长了卷须，像葡萄、黄瓜；有的植物还长着叶状茎，像昙花、假叶树，等等。

地下变态茎有根状茎，像竹、荷花；有块茎，像马铃薯；有球茎，像荸荠、慈姑；还有鳞茎，像蒜、洋葱，等等。

这些植物我们都见过吧？你仔细观察过它们吗？从今天起，好好观察吧，说不定，你还会发现很多秘密呢！

马铃薯的块茎贮藏着大量的养分

你有没有观察过，每到春天的时候，从马铃薯的每一个凹进去的地方会长出一个芽，而且越长越快，也许你会认为这就是马铃薯的茎吧？其实不是。

马铃薯也叫土豆、洋山芋、山药蛋，是我们常吃的一种食物，当然我们吃的就是它的地下块茎。

我们都见到过马铃薯地上茎的部分，但是它全身的养分和水分都来自地下块茎。地下块茎因为贮藏了大量的水分和养分而变得肥大，特别是它含有很多的淀粉，还有蛋白质、粗纤维、胡萝卜素、多种维生素，等等。所以说马铃薯是一种“十全十美”的食物，一点也不过分。它的功劳就在它的地下块茎上，就是我们常说的土豆。你喜欢吃土豆吗？它对我们的身体可有好处了，吃土豆还能减肥呢。

莴苣的地上茎

在长期的进化过程中，各种植物都形成了自己独特的生长方式，根、茎、叶都在变化。莴苣也是我们常见的可食用植物，跟马铃薯不同的是，它的可食用部分为地上茎，它的茎皮是白绿色的。

莴苣长着很多侧根，茎的部分短缩。随着植株的生长，短缩茎因为吸收了营养而逐渐伸长和加粗。茎端分化出花芽后，在花茎伸长的同时茎加粗生长。它的地上茎部分含有不少水分和养分，吃起来口感也很好，肉色呈淡绿、翠绿或黄绿色。莴苣有青笋和白笋之分。

植物体内有生物钟吗?

200年前，科学家做了一个实验：把白天张开晚间闭合的豌豆叶片放在与外界隔绝的黑洞里，结果发现，叶片还是像以前一样有节律地白天张开，晚上闭合。这个有趣的实验说明，生物体内也存在着一种能感知外界环境的周期性变化，并能调节生理活动的“时钟”，人们把它叫作“生物钟”。

那么，生物钟能像钟表一样调节吗？科学家又做了一个实验，这次，科学家拿三叶草做实验。三叶草的叶片也是白天张开晚上闭合的。科学家为了改变了它的规律，白天把它放在人造的夜晚里，夜晚把它放在灯光下。这么反复地操作了几次以后，叶片的张合就跟自然的昼夜颠倒了。过了一段时间，再让它回到自然状态，它很快又恢复了白天张开晚上闭合的规律，这说明生物钟的确是可以调整的。至于生物体内为什么含有这么精巧的生物钟，其秘密还没有完全解开。

含羞草为什么能预报地震？

每当地震来临的时候，动物世界会有一些异常的现象，比如老鼠搬家、猪不进圈、鸭不下水……科学家认为，将这些异常现象作为预测地震的一种方式是有一定根据的。科学家还发现，在大的地震发生以前，植物也会有异常反应。我们都熟悉的小小的含羞草就能预报地震。含羞草怎么能预报地震呢？莫非它也有知觉？秘密呀，就在它的叶子上。

植物的叶子

有好多人专门喜欢养叶子多的植物，无论是翠绿的、嫣红的，还是浓绿的，叶子总是能给人以美的享受。叶是植物重要的营养器官，来源于茎的叶原基，由叶片、叶柄和托叶组成。叶着生在茎的节上，可进行光合作用和蒸腾作用。叶还能贮藏和传输水分。

叶片是叶的重要组成部分。典型的叶片为绿色的扁平体，大小相差悬殊，形状更是千姿百态，有单叶、复叶之分。单叶又有针形、线形、卵形、圆形、心形、箭形等。复叶有三出复叶、掌状复叶、羽状复叶。

叶片一般是扁平的，两侧对称，由表皮、叶肉和叶脉组成。叶肉为基本组织，细胞内含有叶绿体，是进行光合作用的主要组织。绿色植物在阳光的照射下，将外界吸收来的二氧化碳和水分贮藏在叶绿体内，利用光能制造出以碳水化合物为主的有机物，并放出氧气，同时将光能转化成化学能储藏在有机物中，这个过程就叫作光合作用。叶片的胞间隙发达，借助于表皮上的气孔，叶子内外的气体可以相互交换，水分也随着蒸腾作用进入到大气中。叶脉是输导水分、无机盐和有机物的管道，也是支撑叶片伸展的内架。大多数双子叶植物的叶脉是网状的，而大多数单子叶植物的叶脉是平行的。

你看，一片小小的叶子，担负着这么重要的任务，没有叶子的光合作用和新陈代谢，恐怕很多植物都不存在了。

自然创造的生命真是神奇，植物身上的叶子还有更奇妙的呢。你知道丝茅草吗，仔细看会发现它的叶缘上有很多锋利的细齿，据说是为了自卫的。传说木匠的祖师鲁班有一回被这种草的叶子划伤了手，鲁班受到启发，就发明了世界上第一把锯。

你见过海边的椰树吧，为什么强台风刮过以后，它的叶子没有掉落呢？原来，椰树又宽又大的叶子上有一道道凸起或者凹下的波纹。这些波纹能使叶子承受很大的压力。

有一些植物的叶子还非常的敏感，遇到异常的地理现象，它还会用自己的方式向人们提出警示呢。

反常的闭合预示地震

土耳其地震学家研究发现，在强烈地震发生的几小时前，对外界触觉敏感的含羞草的叶子会突然萎缩，然后枯萎。

在地震多发的日本，科学家研究发现，在

正常情况下，含羞草的叶子白天张开，夜晚闭合。如果含羞草叶片出现白天闭合，夜晚张开的反常现象，就可能是要发生地震了。1938年的一天，含羞草张开几个小时后，叶子突然全部闭合，两天后就发生了强烈地震。1976年，日本地震俱乐部的成员多次观察到含羞草叶子出现反常的闭合现象，结果随后都发生了地震。

含羞草为什么能够预测地震呢？原来在地震的孕育过程中会产生地湿、地下水及地磁场等一系列的物理和化学变化。环境变化了，植物的生长也会发生变化。当植物有不正常的开花、结果甚至大面积死亡等异常现象出现时，可能就是一种无声的地震预报，这种预报甚至比动物对地震的异常反应还要灵敏。

含羞草那“含羞”的叶子

含羞草也叫知羞草、喝呼草，主要生存在热带、亚热带地区。含羞草枝上有非常锋利的刺，茎是直立的。

含羞草的秘密就在它的叶子上。它的叶子具有相当长的叶柄，柄的前端分出四根羽轴，每一根羽轴上着生两排长椭圆形的小羽片。含羞草夏秋开花，花是淡红色的。含羞草小叶细小，羽状排列，用手触小叶，小叶接受刺激后，就会合拢，触动的力量越大，合得越快，就像有气无力的样子。触动刺激迅速传至全叶，总叶柄也会下垂，甚至传递到相邻叶片使其叶柄下垂，就好像姑娘怕羞而低垂粉面，所以人们叫它含羞草。

含羞草是不是真的怕羞呢？当然不是。

含羞草的叶柄基部和复叶基部都有一个膨大部分，叫叶枕。叶枕中心有一个维管束，周围有许多薄壁细胞。在平时，每一个细胞中都充满了足够的水分，因而膨胀，使叶枕挺立着，所以叶片舒展。但一旦受到刺激，叶枕细胞所含的水就流到细胞间隙中，于是叶枕就发生萎缩现象，叶片也就随之闭合下垂。随着触动力量的大小，闭合的过程甚至在几秒钟就完成了。

含羞草的老家在热带美洲，那里常有暴风骤雨，含羞草的这种“含羞”特性，十分有利于保护自己免遭风雨摧折。也许这也是它的一种自我保护方式吧。

叶子都是一样的吗？

花有奇花，果有异果，叶当然也有奇叶。在南美大陆，有一大片茂密的热带雨林，那是世界上公认的神秘的“生命王国”，那里有数百万种的动物和植物。我们在植物园里见过的王莲，就是来自亚马孙流域的植物。亚马孙王莲的叶子可以说是圆叶冠军。浮在水面的莲叶四边都往上卷，就像个巨大的翡翠玉盘。它的直径一般为1.8米至2.5米，最大的甚至有4米。这种叶子还特别能负重，一片王莲圆叶能承受40千克至70千克的重量，即使在叶子中央站一个35千克的小孩，叶子也不会被压沉。

亚马孙地区还生长着一种亚马孙棕榈，它的一片叶子连柄带叶足有24.7米长。不过，这还不是最长的，有一种长在热带的长叶椰子，它的叶子能长到27米，竖起来有7层楼那么高，可以说是世界长叶冠军了。

种子也可以飞来飞去呢！

种子是植物生命的源泉，有些植物要是没有种子，就没法传宗接代了。我们知道的玉米、黄豆、高粱、小麦等都是要靠种子发芽、长大、结果的。没有种子，我们吃的很多粮食就没法生产了。那么，除了人工种植以外，种子还能自然传播吗？它们又是怎样传播的呢？

可以飞的种子

现在，我们先来了解一下种子是什么样的吧。你会说了，我认识种子呀，玉米的种子就是那种金黄色的玉米粒呀。这只是种子的表面形状。别看一粒小小的种子，它的内部可复杂了。种子是胚珠受精后发育的器官，一般包括种皮、胚和胚乳三部分。种皮是由珠被发育而来的，具有保护内部结构的作用。有的植物只有一层珠被，所以形成一层种皮(比如番茄、向日葵)；有的有两层珠被，即形成内、外两层种皮(比如蓖麻、油菜)；有的外珠被或内珠被在发育过程中被吸收而消失，如蚕豆的种皮只由外珠被发育而成，小麦的种皮由内珠被发育而成。

每一种种子，种皮的色泽、花纹、厚薄和坚硬程度都是不同的。种子通常为线形或椭圆形，颜色不一。玉米的种子是金黄色的，南瓜的种子有黄色也有白色的，西瓜的种子是黑色的，等等。

你知道吗，种子的传播主要是靠我们人类。就拿玉米来说吧，它的故乡是美洲，哥伦布发现美洲大陆以后，玉米才逐渐地在世界各地被推广种植。美洲以前是没有车前草的，哥伦布到了美洲以后，才把它的种子带到了这里。

可是，在自然界中，很多植物并不是我们人类主动进行栽培、养育的。自然成长的植物特别多，比如野外的山林树木，等等。就拿树木来说吧，有的大树老了，自然就枯朽了。可是，在它旁边还会长出小树，小树长大了，还有更小的树生根成长。那么，它们的种子是从哪儿来的呢？

风可以传递花粉，风也可以传播植物的种子。要想让风传递种子，那么种子一定要很轻，不然的话，种子就没法随着风飘散了。

蒲公英的种子是非常轻的，当种子成熟的时候，就会很容易地从母体上脱落，被风带走。它落在哪里，就在哪里生根、发芽、开花、结籽。于是，它的生命也生生不息。

松树的种子也是可以飞的。松树有很多种，它的叶子长长的、尖尖的，在中国的北方地区到处都能见到。松树的果实外面包着种鳞，球果成熟时种鳞张开，种子就脱落了。每个种鳞有两粒种子，种子上部有一个长翅。松树的种子就会随着这个翅膀飞走，它能飞到离母树90多米远的地方呢！松树的种子到处飞，落地发芽生根，慢慢地就变成了一片一片的松树林了。

枫树也是一种很有名的树种，它的叶子非常好看，特别是天冷了，经过风霜以后，满树的叶子都红了，特别的美。枫树的果实中有两颗种子，长着平行的翅，有两厘米长呢。当有风的时候，它们会转着圈地飘向远处。

风传播种子使森林得到延伸

风会把种子吹走吗？当然能，你能举出好多例子呢。你知道法国梧桐吧，好多城市里都种着这种树。法国梧桐学名叫悬铃木，它的种子比较轻，还带有一顶小小的“降落伞”，借助风力，它能把自己的种子带到很远很远的地方，于是悬铃木就能在很远很远的地方落地繁衍了。

但是很多树木的种子并不像悬铃木种子这样幸运，它们比较重，也没有小翅膀。不过，它们也有可能被森林中偶然产生的上升气流带到较远的地方呢。

有人在美国北卡罗来纳州的一片阔叶林中建立了一个收集种子的塔。这座塔高45米，远远高出森林的顶部。结果，他们在35天内在塔的不同高度收集到了将近5 000枚种子。人们还发现，这片森林中，北美鹅掌楸的一部分种子停留在原地，而另一部分种子“飞”到了数百米之外，少部分甚至“飞”到了1千米之外。要知道，北美鹅掌楸的果实可不小呢，长达6厘米至8厘米，直径为1.5厘米至2厘米。小坚果有翅，连翅长2.5厘米至3.5厘米。

科学家认为，以风来传播树木的种子可以帮助森林的延伸。想想看，要是种子都掉落在自己树木的脚下，那么树挨着树，太密也太挤了，树就长不大了。森林的范围也就没法扩大了。

动物也可以传播种子

种子一般藏在植物的果实里边。动物和植物在自然界是相互依存的，动物吃了植物的果实，排出的粪便中往往就会有植物的种子，就好像我们人类吃下的东西，如果没有好好地咀嚼或者没有消化好就会排出来是一样的。比如，鸟粪里没有消化的种子就会发芽，生根。

有的植物为了让动物帮助自己传播种子，会主动让动物吃掉自己的果实，好多动物也是以吃植物的果实来生存的。可是，要是果实都让动物给吃了，植物不是就没有种子传宗接代了吗？植物可聪明了，一些动物喜欢吃葡萄、香瓜、梨的果实，可是它们享受了美味，却没法消化它的种子。这是植物保护自己的一种方式，为了传宗接代，它把自己的种子用一层外壳包起来，动物吃了以后，消化不了，种子就随着粪便排出去了。种子被排在哪里，就在哪里生根发芽了。所以，植物也就迁移了。北方能见到南方的植物，南方也能见到北方的植物，这是动物和植物共同努力的结果。

你有没有看见过麻雀窝里长出来的小草或树枝呢？一定见过。这是怎么回事呢？麻雀有时会把一些杂草和农作物的种子藏在自己的窝里，要是没有被它们吃掉，过一段时间这些种子就会长出植物的小苗。

还有可爱的猕猴，它们喜欢吃毛柿和芭蕉的果实，它们会把这些果实带到别的地方，于是这些植物也被传到了离母树较远的地方了。

松鼠是爱吃橡实和栗子的，它们还会把这些好吃的藏起来，以备不时之需。可是，有时它们会忘了把自己的食物藏在哪儿了，于是，这些果实就在远离母树的地方生根发芽了。

还有好多植物不靠风吹，也不靠动物帮忙，它们能自力更生地传播自己的种子。有一种植物叫木犀草，当它成熟时，果实会自动裂开，种子会被弹射出去。弹射到哪儿了呢？告诉你吧，它能被弹到14米以外呢！

还有更神的呢。欧洲有一种喷瓜，当种子成熟的时候，外面的组织会变成液体，产生很大的压力，只要轻轻一碰，汁液就携着种子喷出去了，射程也很远，有6米呢。

趣味问答

种子是怎么进行呼吸的？

种子萌发及植物其他各项生命活动所需要的能量，都储存在细胞内的各种有机物中。有机物中储存的能量是通过呼吸作用释放出来的。

生物体都能够利用氧气将细胞内的有机物分解为二氧化碳和水，同时释放出有机物中储存的能量。生物体的这一过程就是呼吸作用。呼吸作用释放的能量除了满足生物体生命活动需要以外，还有一部分转变成热量被释放出来。种子的萌发能够产生大量的热，就是这个原因。

种子萌发时的呼吸作用与吸水过程相似，可分为三个阶段：

（1）种子吸胀吸水阶段，呼吸作用迅速增强。此时的呼吸主要是无氧呼吸，由已存在于种子细胞中、在吸水后活化的酶所催化。

（2）吸水停滞阶段。

（3）再次大量吸水阶段，呼吸作用又迅速增强。此时胚根突破种皮，进入有氧呼吸阶段。

千奇百怪的有花植物

植物要靠种子传宗接代，有一些植物的种子来自于花。先开花，再结果，花朵的作用就是产生种子，使种族能繁衍下去。植物开花不仅是为了美丽，还承载着种族延续的使命，有些花正是为了下一代，宁愿一生只开一次花，然后默默地死去。

认识花上的雄蕊、雌蕊、花萼和花冠

有一种植物叫被子植物，也叫有花植物，我们常见的玫瑰、向日葵、玉米、葱、杨、柳、马铃薯等都是有花植物。有花植物具有真正的花，花由花萼、花冠、花蕊、花托4部分组成。

雄蕊
雌蕊
花萼
花药
花丝
花粉粒

花蕊包括雌蕊和雄蕊，是花的最重要的组成成分。

花的中间是雄蕊和雌蕊，这是花的雌雄性器官。一个雄蕊由花丝和花药组成，花药里产生花粉粒。成熟的花粉粒在内部结构上有两种形式，一种是含有一个营养细胞和一个生殖细胞，例如棉花、百合的花粉；另一种是含有一个营养细胞和两个精子，例如小麦、白菜的花粉。精子是由生殖细胞分裂形成的，生殖细胞的分裂可能在花粉粒里进行，也可能在花粉萌发后长出的花粉管中进行。

花萼：位于花的最外轮，由若干萼片组成，在发芽期，起保护作用。有的花萼变成冠毛(比如蒲公英)，有利于果实的传播。

花冠：位于花萼之内，由若干花瓣组成。花瓣细胞内含花青素(在不同酸碱度时表现为红、蓝、紫色)，或有色体(表现为黄橙色)，或不含色素(白色)。花瓣可分泌芳香油。色、香、蜜是招引昆虫的重要因素。花冠也具有保护作用。

完全花和不完全花是怎么回事?

有雄蕊、雌蕊、花萼、花冠4个组成部分的花称完全花，也叫两性花或者雌雄同花。缺少其中一部分或两部分的花称不完全花。没有花萼和花冠的花称无被花。缺少雌蕊或雄蕊的花称单性花，缺雌蕊的花称雄花，缺雄蕊的花称雌花。如果单性的雄花和雌花生于同一植株上，则称为“雌雄同株”。有些花是雌雄同株，而有些花是雌雄异株。所谓雌雄异株，是指有些植株上只有雄花，有些植株上只有雌花，雌花和雄花并不生长在同一植株上。只有雄花的植株叫作雄株，只有雌花的植株叫作雌株。通称雄株为“公”，雌株为“母”。

一朵桃花上有雄蕊、雌蕊、花萼、花冠，桃花就是完全花。桃花上沾着很多花粉，花粉落到了柱头上，经过传粉和受精，就能结果实了。

白菜、小麦、百合、向日葵等，都是完全花，都有雄蕊、雌蕊、花萼和花冠。

可是，并不是所有的花都像桃花这样，如南瓜花、黄瓜花要么缺雄蕊，要么缺雌蕊；桑树花、栗树花缺花瓣、雄蕊或雌蕊；杨树花、柳树花缺萼片、花瓣、雄蕊或雌蕊。这些都是不完全花。就拿松树来说吧，松树有花吗？当然有。松树上面那个土黄色的“果子”就是它的花，只是因为它没有花叶和花萼，所以看上去就不像花了。

自然界的花并不都是完美的，像美丽的郁金香，它是没有花萼的，但这依然不影响它释放出迷人的花香。

铁树开花并不难

铁树是一种古老的植物，大约在两亿多年前就在我们这个地球上存在了，曾经一度相当繁盛，后来在地球上逐渐衰退了。现在地球上存留的铁树种类已经不多了。

铁树是一种雌雄异株植物，单性花，雄花圆锥状，像一

个大型的玉米棒；雌花球状，结满鲜红色板栗大小的果实，像红宝石一样晶莹艳丽。

铁树的花、果实、叶片可作药用，有活血、止血和消炎等功能，根有祛风通络之效。

人们多认为铁树开花非常罕见，自古以来就把铁树开花看作吉祥如意和自由幸福的象征。中国的古书《花镜》中曾记载：“当铁树放花结果时，常被移置堂上，人们置酒欢饮，作诗称贺。”

其实，铁树开花并不难。铁树喜欢温暖潮湿的气候，不耐寒冷。要是把它养在温暖的南方，再给予合适的水、肥，也能年年开花。如果把它移植到北方种植，由于气候低温干燥，生长会非常缓慢，开花也就变得比较困难了。

竹子开花和死亡都是为了迎接新生命

你知道竹子吧，竹子可有很多种呢。水竹呀，文竹呀，桂竹呀，都

是常见的植物，也是长寿的植物。中国古代的文人可喜欢画竹子了，还把梅、兰、竹、菊称为花中“四君子”呢。可是你见过竹子开花吗？估计很少有人见过。那么，竹子开花吗？当然开花。因为竹子是有花植物，自然也要开花结实。

可是大多数的竹子，不像一般有花植物那样，每年开花结实，因此有人误认为竹子不开花。

竹子的种类不同，开花周期长短也不一样。有的竹子十几年、几十年才开花，如牡竹、版纳甜竹需要

30年才开花，茨竹、马甲竹需要32年才开花，桂竹需要120年才开花。

可是竹子开花后，就无法继续长出新叶子了，慢慢地就成片枯死了。这是为什么呢？难道它不是像别的植物那样，开花是为了传宗接代吗？竹子在结束生命之前努力开一次花，难道仅仅是为了最后留下一点美丽吗？这真是让人感到困惑。

有的科学家认为，竹子开花结实要消耗掉大量的有机养料，而这些养料来自根、茎、叶，所以开花结实后，营养器官中贮存的养料大部分被消耗，不能再生存下去，就逐渐枯死了。但是，像斑竹、桂竹、雅竹等少数竹种，开花后地上部分死亡了，而地下部分的芽还能长出新的竹子。所以，竹子的生命又延续下来了。

红枫树为什么会“变性”？

在北美洲，有一种很普通的树木，叫红枫树，据说这种树能“变性”。根据传统的情况，红枫树有时呈雌性，有时呈雄性，有时却雌雄同株。科学家们在7年中共考察了美国马萨诸塞州的79株红枫树，记录了每年每株树的性别与开花的数量。考察结果表明，大多数红枫树一直为雄性，少数红枫树有时会开出一些雌性的花序，有时会开出雄性的花序，就是说它们每年在雌性与雄性之间发生变化，真是让人奇怪。

红枫树为什么会发生这种转变呢?

植物学家认为，植物的变性同植株体型大小密切相关。植株超过了一定的高度，多数为雌株；小于一定的高度，多数为雄株。

植物在开花结实时，需要消耗大量的营养物质，只有高大的植株才能满足这种需要，所以大型植株都为雌株。同样原因，小型植株多为雄株。前一年为大体型的雌株的，由于结实的过程中消耗了大量营养，第二年便变成了小体型的雄株。雄株变雌株也是这个道理。

但是红枫树性变的机制可能还要复杂一点呢，雌雄同株的红枫树个体并非很大，可能经历了一个不正常的性发展过程。至于为什么会产生这种现象，目前还没有一个确切的答案。

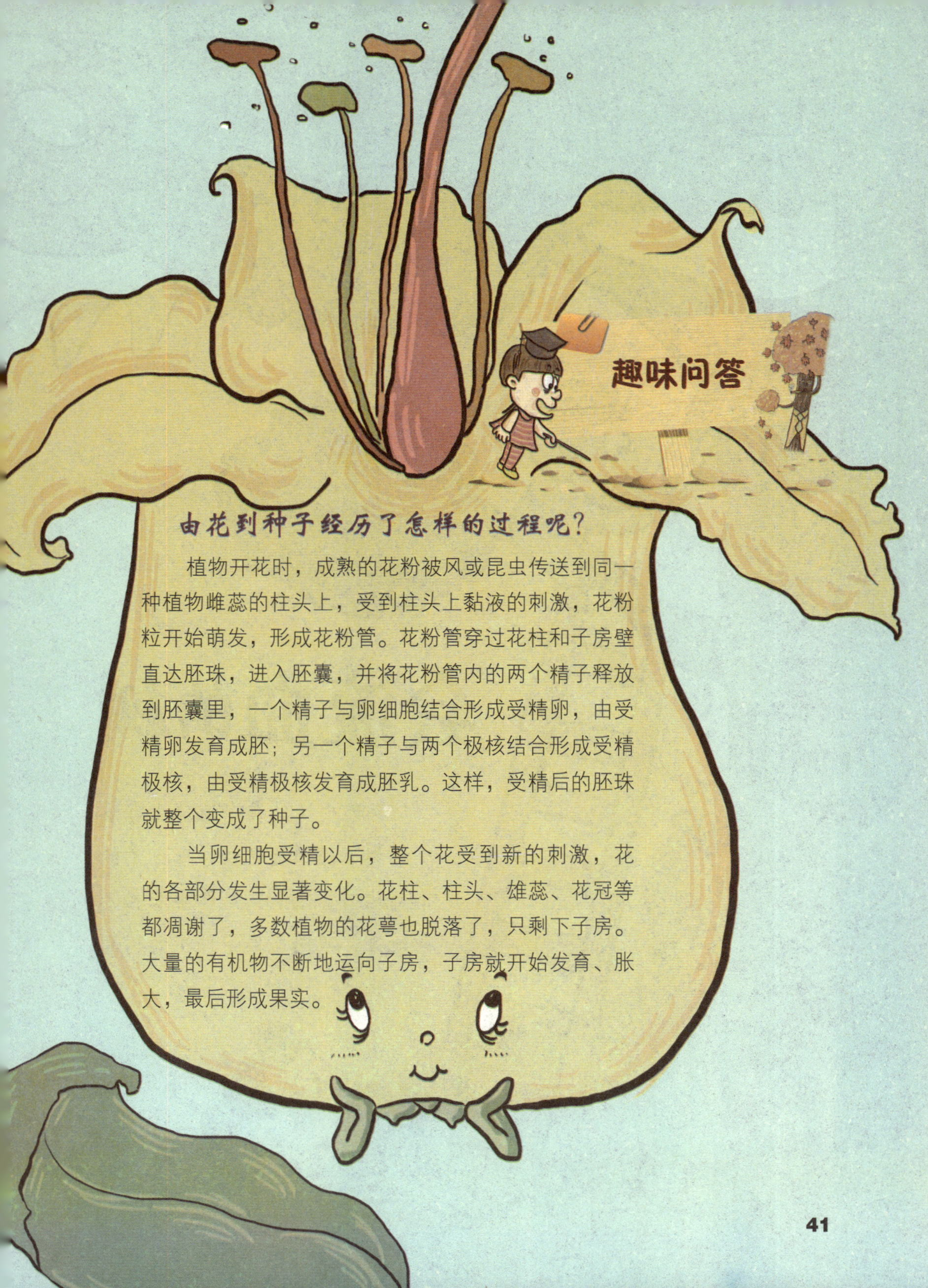

由花到种子经历了怎样的过程呢？

植物开花时，成熟的花粉被风或昆虫传送到同一种植物雌蕊的柱头上，受到柱头上黏液的刺激，花粉粒开始萌发，形成花粉管。花粉管穿过花柱和子房壁直达胚珠，进入胚囊，并将花粉管内的两个精子释放到胚囊里，一个精子与卵细胞结合形成受精卵，由受精卵发育成胚；另一个精子与两个极核结合形成受精极核，由受精极核发育成胚乳。这样，受精后的胚珠就整个变成了种子。

当卵细胞受精以后，整个花受到新的刺激，花的各部分发生显著变化。花柱、柱头、雄蕊、花冠等都凋谢了，多数植物的花萼也脱落了，只剩下子房。大量的有机物不断地运向子房，子房就开始发育、胀大，最后形成果实。

会流血的树

我们生活的这个地球上有多少种树，恐怕连植物学家也不能准确地回答上来。这些生长在不同地区、不同气候条件下的树真

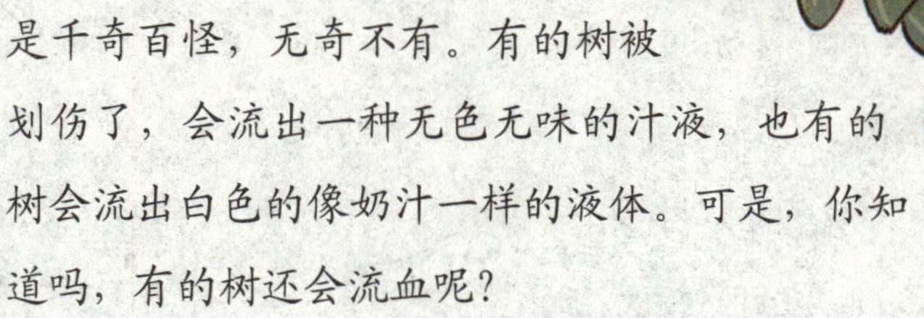

是千奇百怪，无奇不有。有的树被划伤了，会流出一种无色无味的汁液，也有的树会流出白色的像奶汁一样的液体。可是，你知道吗，有的树还会流血呢？

麒麟血藤会流出红色的汁液

在中药里面，有一味珍贵的草药，叫“血竭”，也叫“麒麟竭”。这种植物生长在中国广东、台湾一带，是一种多年生藤本植物，因为它通常像蛇一样缠绕在其他树木上，所以就叫它麒麟血藤。它的茎有的长达10多米，要是把它砍断或切开一个口子，就会从树脂里流出红色的汁液，就像人的“血”一样。干后凝结成血块状的东西，就是珍贵的中药材血竭了。

麒麟血藤叶为羽状复叶，小叶为线状披针形，上有三条纵行的脉。果实为卵球形，外有光亮的黄色

鳞片。除茎之外，它的果实也可以流出血样的树脂。

为什么这种从树里面流出的红色汁液有药效呢？原来，科学家们发现，血竭中含有的鞣质、还原性糖和树脂类的物质，可以治疗筋骨疼痛，还有散气、去痛、祛风、通络活血的作用。

长寿的龙血树

你知道吗，还有一种叫龙血树的树也是会“流血”的？这种树生长在中国西双版纳的热带雨林中。当它受伤以后，也会流出一种鲜红色的树脂，在中药里也称为“血竭”或“麒麟竭”，跟前边我们说的麒麟血藤所产的“血竭”一样具有通经活血、去痛祛风的功效。

龙血树属于百合科的乔木。龙血树长得不太高，大约有10多米，可是长得非常健美，树干粗壮，叶片色彩斑斓，鲜艳美丽。有的树上还长着带着黄色斑点的叶片，就像星星一样，人们就叫它星点木。有的树上长着黄色的叶子，有纵向的条纹，能分泌出一种淡淡的香味，人们称它为香龙血树。还有的龙血树上的叶子嵌着白色、乳白色、米黄色的条纹，人们就叫它三色龙血树。龙血树受伤以后，就会分泌出鲜红色的树脂，龙血树的名字就是这么得来的。

龙血树原产于大西洋的加那利群岛，它还是长寿的树木，最久能活6 000多岁呢。

胭脂树真的可以做胭脂呢！

在热带地区，有一种特别有名的染料植物，叫胭脂树。这种树上的种子是鲜红色的，亚马孙河流域与西印度群岛的原住民常常把它的种子取下来，拌和唾液，再

用手掌搓揉，涂抹脸部，看上去就像涂上胭脂一般，所以人们就给它起了一个好听的名字——胭脂树。

胭脂树也能“流血”。要是把它的树枝折断或切开，它就会流出像“血”一样的液汁。

胭脂树属红木科，为常绿小乔木，一般有三四米高，有的能长到十米以上。叶子的大小、形状有点像向日葵叶。叶柄也很长，在叶背面有红棕色的小斑点。有趣的是，其花色有很多种，有红色的，有白色的，也有蔷薇色的，十分美丽。胭脂树连果实也是红色的，它的外面布满密密麻麻的柔软的刺，里面藏着许多暗红色的种子。

胭脂树浑身都是宝。它的红色果瓤可以当染料，渍染糖果，也可以给纺织品、丝棉织品染色，这可是天然染料呢。它的种子还可入药，有退热的功效。它的皮很坚韧，富含纤维，可制成结实的绳索。

地球上有多少种植物呢？

林耐（1707~1778）是瑞典博物学家，动、植物分类学和双名命名制的创始人。1735年，他周游欧洲各国，在荷兰取得医学博士学位。就在这一年，他出版了著名的《自然系统》一书。

在这本书中，林耐首次把生物分为动物和植物两个界。对植物界，他以种为分类的最小单位，再根据花的数量、形状和位置分成属，并以雌蕊的数目决定某一植物应归的目，以雄蕊的数目确立应归入的纲，另总括隐花植物为一纲。林耐把植物分成了10 000多种。

这本书的出版距离我们已经有200多年了，新的物种不断地被发现，也有很多物种在消失。到现在为止，地球上到底有多少种植物，可能还真是很难说清呢。不管怎么说，我们一定要爱护环境，爱护地球，减少物种灭绝，让我们跟这个地球和谐相处吧！

趣味问答

会跳舞的草

人会跳舞，动物也会跳舞，可是，你知道吗，植物也会跳舞呢！我们说的会跳舞的植物可不是风吹叶片翩翩起舞，而是真的自己会跳舞呢。它们什么时候最想跳舞呢？你能发现它们跳舞的规律吗？

翩翩起舞的舞草

有一种小灌木，生长在中国南方的山地灌木丛中，这种植物真是有点奇怪呢，因为它的叶子有时会不停地转动，很有节奏，好像跳舞一样，人们叫它舞草。它还有不少好听的名字——跳舞草、情人草、无风自动草、多情草、风流草，等等。

舞草属于蝶形花科，秋天开花结果，冬天落叶。花似唇形，是粉红色的。它的枝干上每个叶柄顶端有一片大叶子，大叶子后面对称长着两片小叶。舞草能跳舞的秘密就在这两片小叶子上。这些叶子对阳光特别敏感，当阳光照射的时候，它们就会明显地转动，有时上下摆动，有时会转一个大圆圈，有时两片小叶子同时向上合拢，然后再慢慢分开而平展，时而一片向上另一片向下移动。同一株的各小叶可以同时转动，有快有慢，有上有下，此起彼落，就像舞池上的舞伴，翩翩起

舞，节奏动人。阳光照射强烈的时候，它们跳舞的节奏和幅度会更大。它们从太阳东升起，就一刻不停地围着叶柄翩翩起舞，当太阳西下的时候，它们才疲倦地顺着枝干倒垂下来休息。第二天太阳出来的时候，它们又开始跳舞了。

温度高、水分流动的时候，舞草就会跳舞

地球上的植物和其他生物一样，都有自身的生命力，为了在危机四伏的自然界生存下去，就必须适应周围的环境条件。植物要获得必需的营养，需要通过光合作用。白天，舞草的叶片为了获得较多的光线，会努力的追随太阳或者光亮的地方。太阳和光线移动了，它也会移动，这样，小侧叶就开始跳舞了。

但是，阳光照射太强烈，叶片的水分就会被大量地蒸发掉，还有可能灼伤嫩绿的叶片。为了避免强烈日光的伤害，它的两片小叶只能不停地“跳舞”，这样就能调节阳光的直射，以便很好地在光强、湿热的环境中生存。

舞草的“舞蹈动作”还跟温度有关系。舞草生活在雨水丰富、气温变化无常的热带地区。气温高时，叶片的代谢快，跳舞的速度快，气温低时，跳舞的速度就慢了。所以，随着温度的高低，阳光照射的强弱，舞草跳的舞也是轻盈优美、婀娜多姿。

阴天的时候，舞草也不会停下它的舞步。它的两片小叶就像蜻蜓或蝴蝶，在花丛中翩翩起舞。

舞草在受到声音刺激的时候，叶子和叶柄相交部分的细胞里的水分会流动起来，这样，叶子也跟着“舞动”了。女孩的声音比男孩的声音尖，舞草听到了，会运动得更欢。因为这两片小叶还有点像鸳鸯嬉戏，在歌声激昂的时候，两片叶子甚至会拥抱在一起，十分亲密；歌声停止，它们就慢慢恢复常态了，所以，人们又叫它“风流草”。它跳的舞迷人心魂，所以还有人叫它“迷魂草”。即使没有声音，在日光的照射下，也常常会无风自动。所以舞草也叫“自动草”。

怎么样，这些名字是不是很招人喜欢呢？舞草是可以人工种植培养的，所以呀，要是你去植物园玩儿，一定要在那儿找找有没有舞草，说不定它正朝着你翩翩起舞呢！

趣味问答

植物为什么会有向光性？

其实，多数植物是不能像动物那样通过运动实现位置的移动的，甚至像舞草那样的运动也是不常见的。但是，植物在感受到环境刺激的时候，身体的某些部分就会产生运动。比如，有的植物的地上部分会向着光生长，这就是植物的向光性。植物的茎和叶都具有向光性。

植物为什么会有向光性？不同的植物有不同的原因。比如向日葵，向日葵的生长素主要在茎尖形成，并向基部运输。生长素的分布受到光的影响，向光的一侧生长素浓度低，背光的一侧浓度高。这样，向光的一侧生长区生长较慢，背光的一侧生长区生长较快，由此茎就产生了向光性弯曲。

植物有毒吗？

你听说过有毒的植物吗？也许你不相信。我告诉你吧，植物界真有这种植物呢，要是有人不小心误食了它，马上就会被毒死。这是什么植物啊，这么厉害。对了，就是毒箭木。

以身试毒的猎人

相传在很久很久以前，在中国西双版纳有位勇敢的傣族猎人。有一次，他率领人们去打猎，遇到了一只猛虎。猎人先向老虎射了一箭，可是不但没有射中老虎，老虎反而疯狂地向猎人扑去。猎人急忙爬上一棵大树，老虎就在树下疯狂地吼叫。猎人急中生智，折断一枝树杈刺向老虎的嘴里。没想到奇迹发生了，老虎竟然倒地而死。

猎人看见老虎死了，心中暗暗地想：莫非此树有毒？于是，他对别的猎人说："我想尝尝树枝，看看它是不是真的有毒。"说完，他就咬了一口树枝，不幸的是，猎人也很快就倒地身亡了。人们这才知道，这种树有剧毒。

从那以后，西双版纳的傣族猎人在狩猎前，常把这种树的汁液涂在箭头上，制成毒箭来对抗猛兽的侵害，凡被猎人射中的野兽，走上三五步之后就会倒毙。

傣族人把这种树称为"戈贡"，就是今天我们知道的毒箭木。人们提到箭毒木，往往会"谈树色变"，所以又叫它"死亡之树"。

“七上八下九不活”

毒箭木也叫见血封喉，分布在中国云南南部和广东、海南等省，南亚、东南亚也有分布。它生长在海拔1 000米以下的山地，是一种常绿阔叶林。它既能开花，也会结果。果子是肉质的，成熟时是紫红色的。

毒箭木的杆、枝、叶子等都含有剧毒的白浆，少数民族在打猎的时候常常把它的毒液涂在箭头上，人畜中毒后就会死亡。有一句民谚说“七上八下九不活”，意思是被毒箭射中的野兽，在逃跑时，要是走上坡路，最多只能跑七步，走下坡路时，最多只能跑八步，跑第九步时就会死去。用毒箭射死的野兽是一定不能吃的，因为人吃了，也会中毒而死。要是毒箭木的汁液不小心溅入人的眼睛，会使人失明。毒箭木燃烧时，人也要离得远远的，因为它放出的烟也会使人失明的。

毒箭木中的毒液成分是见血封喉苷。虽然它是有毒的，但其中的成分具有强心、加速心律等作用，在医药学上还有一定的研究和开发价值。

毒箭木的树皮很厚，纤维细长而柔韧性强，易脱胶，可成为麻类的代用品，或做人造棉的原料。这种树已成为濒危树种，在陆地上存活的不多了。

光合作用有什么作用呢？

绿色植物通过叶绿体利用光提供的能量，将二氧化碳和水等无机物合成淀粉等有机物，并且把光能转变成为化学能，储存在有机物中，同时释放出氧气，这个过程就叫作光合作用。

在光合作用过程中，发生了物质变化，将无机物——二氧化碳和水合成了有机物——淀粉。这些淀粉还可以进一步转化成蛋白质、脂肪等其他的有机物。这些有机物不仅是植物自身生长发育所需要的营养物质，也是人类和动物的食物来源。

在物质变化的同时还发生了能量变化，原来的太阳光能转变成淀粉等有机物中贮存的能量。这些能量是植物、动物和人体生命活动的能量来源。煤炭、石油等通过燃烧释放出热量，其中的能量都是亿万年前植物通过光合作用所积蓄的太阳能。

生物的呼吸作用要消耗氧气，排出二氧化碳，各种物质的燃烧也是这样。而光合作用则是吸收二氧化碳，释放氧气，这对维持大气中氧气和二氧化碳含量的相对稳定起着极其重要的作用。

由此可见，光合作用是地球上生物生存、繁衍和发展的基础。

专门吃虫子的植物

我们都知道，在自然界，大多数凶猛的动物吃动物的肉，比如，狼吃羊，狮子吃河马，大鱼吃小鱼；多数动物吃植物，如，牛羊吃草，蚕吃桑叶，蚱蜢吃野草，这些都是普遍的现象。可是，你知道吗，有一些植物会吃动物呢！这种植物叫食虫植物，它们能捕捉讨厌的苍蝇、蚊子等。

用分泌物引诱昆虫

你知道有一种叫猪笼草的植物吗？它生活在热带地区，是一种矮小的藤本植物，它与其他植物不同的是，它不从无机界摄取和制造维持自身生存的营养物质，而是靠捕捉昆虫等为生。这类植物被植物学家称为食虫植物。

猪笼草既然是一种植物，不能随便移动而去捕捉昆虫，那它是怎么把昆虫吃到口里的呢？秘密就在它的叶子上。猪笼草长着奇特的叶子，叶子的基部是扁平的，中部很细，中脉延伸成卷须，卷须的顶端挂着一个独特的吸取营养的器官——捕虫笼。捕虫笼呈圆筒形，下半部稍膨大，笼口上有个盖子，能开能关。因为形状像猪笼，所以就给它起了个名字叫猪笼草。

一般的植物是没有腺体的，奇怪的是，这种植物有一种密生腺体，生长在笼子的内壁上，内壁有许多蜡质，滑滑的。这种腺体大约有100万个，能分泌大量的消化液。这种消化液是一种无色透明的、略带香味的酸性物质，其中含有胺和毒芹碱，这些物质能使昆虫麻痹。平时，捕虫笼里总是装着占体积一半左右的这种消化液。因为这种消化液有一点香味，贪吃的小昆虫受到引诱，就会进入笼子里，然后滑到底部的消化液里，里面比较平滑，昆虫进去了就爬不出来了，上面的盖子同时自动关上了。昆虫很快就中毒死亡，肢体慢慢地被消化液消化掉，营养也被猪笼草吸收了。接着，盖子又会打开，等待下一个猎物的到来。

这听起来是不是很神奇呢？猪笼草是不是很有智慧呢？大自然就是这样丰富多彩，变化万千。

猪笼草是危险植物吗？

在热带地区，猪笼草能吃掉很多虫子呢。一个叶片的袋子里就可以捕食上百只虫子，能消灭不少蚊蝇、蚁类，所以说它是消灭害虫的“绿色卫士”。

全世界有几百种食虫植物，它们主要分布在热带和亚热带地区。

在菲律宾维多利亚山海拔1524米的地区发现了一种巨型猪笼草，直径能达到30厘米。这种食虫植物能够分泌一种类似花蜜的物质，那些没有疑心的猎物会主动进入它的笼子里，殊不知这是一个酶和酸的“死亡之池”。那里有充满黏性的下垂主叶脉，这使得掉入陷阱的小虫子不可能成功逃走。

美国的一家杂志曾评出了地球上最危险的十大植物，巨型猪笼草名列榜首。它们吃掉的是一些小昆虫，会对我们人类有害吗？到现在为止，我们还不得而知。

比猪笼草更厉害的捕蝇草

在全世界大约500多种食虫植物中，捕蝇草是最引人注目的植物。捕蝇草别名落地珍珠、捕虫草、食虫草、草立珠、一粒金丹、苍蝇草、山胡椒，是食虫植物中的一种。它的叶能够迅速闭合，把自投罗网的昆虫马上关起来，最后消化掉。它的捕虫本领比猪笼草、茅膏菜、狸藻等强得多，也奇妙得多！

捕蝇草怎样捕虫的呢？捕蝇草是一种多年生草本植物，它的叶子最长能达到15厘米，它的叶柄是匙形的，边缘有翅。

它有两瓣叶片，这就是它的诱捕器。叶片是圆形或肾形的，叶缘有多条长纤毛，并在叶面两侧各具3条很灵敏的触毛。当昆虫碰到触毛时，叶的两边就迅速紧紧闭合，把虫子捉住，昆虫越是挣扎，诱捕器闭合的就越紧。同时触毛受到刺激后，叶片上的许多小腺体分泌出一种酸性很强的消化液，消化液很快就把昆虫消化掉了。捕蝇草的捕虫能力是不是很厉害呀。

各种各样的植物运动，正说明植物本身也有明显的自我防卫、自我保护意识，也是植物对各种不同刺激的反应。正是在长期的进化过程中，植物适应了环境的变化，才顽强地生存了下来。

食虫植物是怎样消化昆虫的?

食虫植物主要用叶或由变态叶构成的捕虫器来捕捉昆虫，分泌消化液来消化昆虫的躯体，作为生活所需要的养料。同时，它们的叶还有叶绿体，能进行光合作用，也就是说，有以太阳能为动力，把空气中的二氧化碳和水转化成有机物的能力。

食虫植物的消化方式与高等动物的基本相同，都是在细胞外进行消化作用。但是，高等动物是有特殊的消化道如胃肠系统来进行消化作用的。食虫植物没有高等动物那样的胃肠消化系统，它们的变态叶或捕虫囊的内壁有腺毛或腺细胞，能分泌消化液，把昆虫消化掉。

花草怎么会预报天气呢？

在自然界里，有一些动物能通过它们的活动来预报未来的天气变化，比如大家都知道的“蚂蚁搬家天将雨”。不过，要是你留心观察了，你会发现，有一些植物也有预报天气的本领呢。真是“人不知春鸟知春，鸟不知春草知春”啊。

“报雨花”的花瓣卷缩就要下雨了

在澳大利亚和新西兰生长着一种奇特的花，这种花和菊花非常相似，花瓣也是长条形，并有着各种花姿和颜色，但它比菊花可大多了。它的外形由一个黄色的花蕾和周边绿色的花瓣组成，花朵有拳头那么大，跟普通花儿差不多，它的奇特之处就在于能够预报晴天或下雨。所以，当地人把它叫“报雨花”。

报雨花为什么能预报天气呢？因为报雨花的花瓣对湿度很敏感。当空气中的湿度增加到一定的程度时，花瓣就会收缩卷曲，把花蕊紧紧地包起来；当空气中湿度降低时，花瓣又会慢慢地展开。当地居民发现了这个规律，就在出门前看一看报雨花的状况，这样就能知道天气情况了。如果花瓣卷缩，不久将会下雨；如果花瓣展开，就不会下雨。因此，人们把这种花当作“气象预报员”来对待。

“风雨花”开了暴风雨就要来了

风雨花生长在中国西双版纳地区，也叫红玉莲、菖蒲莲，是一种草本花卉。它的叶子是扁的线形的，有点像韭菜的长叶。它的鳞茎是圆形的，每年的春夏季开花，花是粉红色或玫瑰红色的，很好看。

风雨花不仅长得好看，还能预报天气呢。每当这种花大量开放的时候，就预示着暴风雨即将到来了。人们发现了它能预先知道天气的变化，所以叫它“风雨花”。

风雨花为什么能预报天气呢？原来，在暴风雨到来之前，天气闷热、大气压降低，风雨花叶片的蒸腾作用加大，它贮藏养料的鳞茎中便产生大量促进开花的激素，促使花朵不断地开放，因此

就有好多好多的花儿开了。这样，人们就可以做好预防暴风雨的准备了。

无独有偶，在北美洲的多米尼加，有一种雨蕉树也能预报天气，当地流传着“要想知道天下不下雨，先看雨蕉哭不哭”的说法。

雨蕉的叶片和茎的表皮组织十分细密，全身好像披上了一层防雨布。天下雨以前，空气的湿度是很大的，雨蕉树体内的水分不容易蒸腾出去，便从叶片上溢出来，形成水滴，一滴一滴地流下来，就像在“哭泣”。人们发现雨蕉树“哭泣”以后，天真的下雨了，便把雨蕉树“流泪”当作要下雨的征兆。

能测温度的“气温草”

花儿知晴雨，草木报天气。大自然是多么神奇呀。花草树木不仅能报天气，还能测量气温呢。

在瑞典南部有一种草，它能像温度计一样测量出温度的高低，所以人们管它叫“气温草”。这种草的叶片长成了椭圆形，花为蓝、黄、白三色，所以又叫它三色堇。它之所以能测量温度，秘密就在它的叶片上。它

的叶片对气温反应极为敏感，当温度在20℃以上时，叶片会向斜上方伸出；如果温度降到15℃时，叶片会慢慢地向下运动，直到与地面平行为止；当温度降到10℃时，叶片就向斜下方伸出。如果温度回升，叶片又恢复为原状。怎么样，大自然很神奇吧？

趣味问答

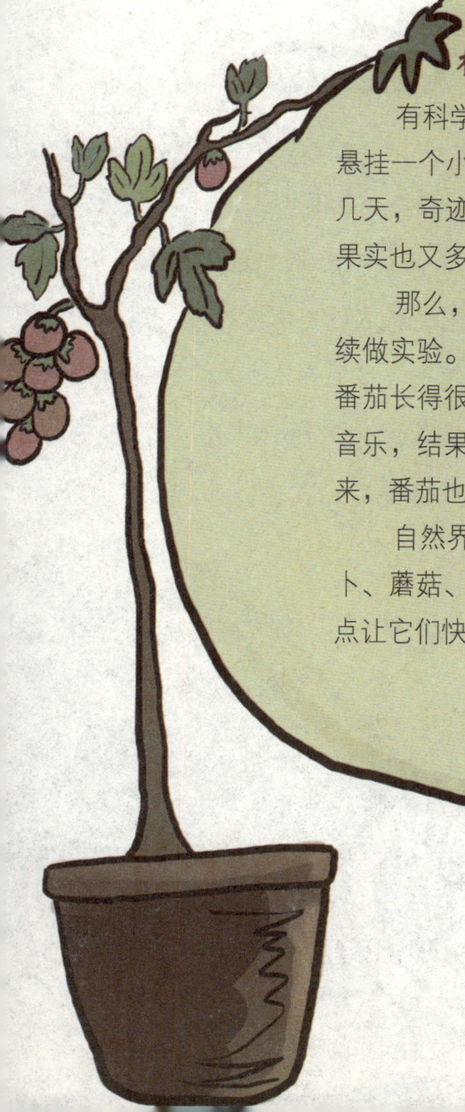

植物也能欣赏音乐吗？

有科学家做了一个实验，在一株番茄的枝干上悬挂一个小型收音机，里面传出悠扬的音乐。过了几天，奇迹出现了。这株番茄长得又高又壮，结的果实也又多又大。原来，番茄也喜欢听音乐呢。

那么，植物喜欢听什么样的音乐呢？科学家继续做实验。给一株番茄听舒缓的轻音乐，结果这株番茄长得很快，也很结实。给另一株番茄听杂乱的音乐，结果这株番茄长得很慢，甚至萎靡死去。看来，番茄也和我们人类一样，喜欢轻缓的音乐呢。

自然界有不少植物都是“音乐迷”呢，比如萝卜、蘑菇、甜菜等，有时农民就利用植物的这个特点让它们快点长大呢。

仙人掌的刺是干什么的？

水是生命之源。人不能离开水，一旦缺水了，就会焦躁不安。植物也离不开水，一旦缺水了，植物也会枯萎。但是在长期的进化中，一些植物以自己的方式逐渐适应了缺水的环境，顽强地生存了下来，并且形成了独特的生存方式。仙人掌就是这样一种能抗高温干旱的植物。

肥厚的茎贮藏着大量的水分

我们都知道水是细胞的重要组成部分之一，对维持植物的正常形态和生理功能有重要的作用。细胞中含有足够的水分，枝叶才能挺立，花朵才能开放。水分不足，植物就会萎蔫死亡。水是绿色植物在光下制造有机物的必需原料。植物体内溶解、运输各种物质都离不开水，没有水，植物就没法存活。

当然，植物也和人类一样，不但要喝水，也要适当地排出一部分水。可是，植物不会像人类一样小便，那么，它们是怎么排出体内多余的水分的呢?

我们来观察一下植物体内水分的移动路线吧。

根是陆生植物吸收水和矿物质的主要器官。根部吸收的足够的水分通过茎运输到植物体的各个部分供细胞利用。如果有剩余的水分，植物就会主要通过叶子的蒸馏作用排出体外。植物呼吸的地方是气孔，可以排水。还有一些植物是通过茎排水的。但是，植物排水不是以液态的形式，而是将其变成水蒸气以后排到大自然中。

植物时刻都在吸收水分，也时刻都在排出水分，水是植物的血液。但是，在天气炎热的时候，水分的排出就要减少了，这也是植物的自我保护功能。

要是提起墨西哥，你首先会想起什么呢？当然是仙人掌，这个国家

到处都可以看到仙人掌，可以说仙人掌就是墨西哥的代表。仙人掌生活在沙漠中，是著名的旱生植物，它们生长在美洲热带、亚热带沙漠中，忍耐着高温和干旱，所以人们叫它“沙漠英雄花”。

仙人掌是怎样在那样恶劣的环境下顽强生存的呢？沙漠干热缺水，仙人掌必须让自己的身体贮藏水分、减少蒸腾，把战胜干旱作为自己的头等大事。

为了减少水分流失，聪明的仙人掌慢慢地将自己的叶退化成针状，这样就能最大限度地保住水分，减少叶的蒸腾作用。仙人掌的茎肥厚多汁，有发达的薄壁组织细胞以贮藏水分。据说墨西哥有些大的仙人掌的寿命可达数百年，里面贮藏了1 000千克以上的水，旅行的人要是口渴了，可以把它的茎挖下来吃，那里面含有不少汁液呢！有些仙人球直径可达3米，有2 000千克那么重。有些高大的柱状的种类，也可长成10米以上的大树。而且，仙人掌植物开花时，绚丽多彩，花色多样，奇特清雅，别具风采。

最不怕高温了

现在，你来观察一下你家客厅里那一大盆仙人掌吧，你会发现什么呢？它的表皮有一层又硬又厚的蜡质，这是做什么的呢？它是仙人掌的衣服，起保护作用的，上面长着茂密的绒毛，这样可以保护植株不受强光的损害，降低蒸腾作用的强度以减少水分的散失。它的表皮上的气孔常常关闭，这也是减少水分散失的一种适应性。按照一般规律，气孔多则有利于植物体与外界的气体交换，促进光合作用和有机物的合成。气孔少且常关闭，势必影响植物的新陈代谢作用，使植物生长缓慢。因此，有些仙人掌生长得特别慢，栽了好多年了还没见它长大多少，就是这个缘故。

仙人掌生长在沙漠中，那里的气候非常干热，要从沙漠中吸取藏得很深的地下水是很不容易的。在太阳照射下，砂粒和表土的温度很高，会灼伤根部。在长期的自然选择过程中，仙人掌逐渐锻炼出根系对干旱的适应性。它的根主要分布在表土层，根的分支多，根系很庞大，便于吸收降落不多的雨水。一方面，它一遇下雨就长出很多新根，大量吸取雨水，把吸收到的水贮藏在薄壁细胞里，供长期使用。另一方面，它的大根有很厚的软木塞样的木栓组织保护，木栓组织不传热、不透水，可以保护根内的细胞不受高温的损伤，使它们在长期灼热的沙土上生活而不至于死亡。

仙人掌不仅是一种观赏植物，它的果实还有食用性。果实不但可以生食，还可酿酒或制成果干。在美洲，它是一种传统的食品，是人们日常生活中不可缺少的一种特色蔬菜。仙人掌洗净切碎后可以煮汤，可以架在炉上烤制，可以做成饼馅，或者直接将新鲜的仙人掌腌制。它的果实可以当作水果食用，口感清甜。还有人用仙人掌酿酒呢。仙人掌被墨西哥人誉为“仙桃”。

仙人掌含有维生素、蛋白质、铁等多种有益于人体的成分。近年来，许多国家已开始用仙人掌治疗动脉硬化、糖尿病和肥胖病，并且取得了很好的效果。据说，这主要是由于仙人掌所含的维生素能抑制脂肪和胆固醇的吸收，并可以减缓人体对葡萄糖的摄取。

植物里的水分是怎样蒸发的?

叶的表皮上有许多气孔，水分可以不断地以气体状态从植物体内散失到大气中，植物学上把这个过程叫作蒸腾作用。因为在不断地进行蒸腾作用，气孔周围细胞的细胞液浓度就增加了，细胞就从叶脉的导管中吸水。叶脉中的导管与茎和根中的导管是相通的，里面充满着水。这样，水和溶解在水中的无机盐就形成一个连续的水流，通过导管，沿着根、茎、叶的途径运输。可以说植物体内水分和无机盐的运输都是通过蒸腾作用完成的。

蒸腾作用是植物吸收和运输水分的主要动力，可提高无机盐向地上部分运输的速率；可降低植物体的温度，使叶子在强光下进行光合作用而不受害。同时，蒸腾作用还能够提高空气的湿度，增加降水量，有利于自然界中的水循环。

红树原来是胎生的呀！

我们都知道，人类是从母亲体内孕育出来的，小猪、小狗也是母亲生的，就是说人类和哺乳动物都是依靠怀胎来繁殖后代的。胎生是人类和哺乳动物繁衍后代的主要方式。可是，你知道吗？在形形色色的植物界也有不少植物是胎生的呢！你是不是觉得很奇怪呢？

植物的繁殖方式是多种多样的！

你听说过春种秋收这句话吧，意思是春天把种子种进地里，秋天就收获果实了。自然界中的很多植物都是通过种子繁殖的，比如玉米、大豆、西瓜、蒲公英，等等。好多好多我们吃的植物，看的花草树木，都是通过种子繁殖的。还有的植物是通过根、茎、叶繁殖的，比如韭菜、美人蕉是通过根繁殖的，竹子、莲藕、土豆是通过茎繁殖的，还有秋海棠、橡皮树是通过叶繁殖的。

每一种植物都有自己的繁殖方式。不过，有一些植物，它们也能像哺乳动物一样，通过胎生生育后代。

植物真的有胎生的吗？是的，有。在中国，生长在热带、亚热带沿海溪河泥滩上的红树就是典型的胎生植物。

植物的胎生实际上是以芽孢进行无性繁殖

繁殖有有性繁殖和无性繁殖两种。植物的有性繁殖先是通过雌、雄授粉相交，然后结成种子来繁殖后代。比如西瓜，等到西瓜花发育成熟后，花冠和花萼绽开，露出雄蕊和雌蕊。开花后，花的雄蕊和雌蕊显露出来，小昆虫就来给雌、雄花粉传粉了，这样就可以结出西瓜了。要是只有雄花没有雌花，不能传粉，就结不出西瓜了。无性繁殖和有性繁殖是正好相反的，是指不经过两性生殖细胞的结合，而是由母体直接产生新个体的繁殖方式。无性繁殖在植物界是广泛存在的。

我们在这儿说的植物的胎生繁殖，就是以芽孢进行无性繁殖的，像

卷丹、山药等好多植物都是芽孢繁殖的。

你知道水菊吗？它也是胎生的。它不开花，不结籽。有时在叶片上萌生的十几株小草，可以在母株上迅速长大。即使叶片从母株上脱落，这些小生命仍能从残叶中吸取养料。它们可以漂浮在水面上生长，也可以扎根在水底泥沙之中，生命力可强了。

红树直接在果实里发芽

一般植物的种子成熟以后，会马上脱离母株，休眠一段时间后，才在适宜的温度、水分和空气的条件下，在土壤里萌发成幼小的植株。但是我们在这儿说的红树可不一样了。它的种子成熟以后，既不脱离母株，也不经过休眠，而是直接就在果实里发芽。它吸取母株里的养料，

长成一棵胎苗，然后才脱离母株独立生活。

这样的红树你见过吗？在中国华南地区的海岸河川出口处的浅滩上或者由海上向沿岸纵目远望，便可以看到或大或小的一片青葱翠绿的稠密的灌木林。红树受周期性海水的浸淹，涨潮时，它被海水淹没，或者露出绿色的树冠；退潮时，能看到树枝纵横交错，郁郁葱葱。

红树是怎么胎生的？为什么是胎生的呢？这和它的生存环境有关。

红树科植物生长于热带、亚热带地区，环境不稳定，潮水涨落威胁植物生存。海滩终年积水，土中空气不足，根部难以获得充足的氧气。海水含盐量很高，植物的根很难吸收利用海水。但红树却以自己的方式顽强地生存下来了。

红树每年开两次花，春季一次，秋季一次。一棵红树的花凋谢以后，能结出300多个果实。果实又细又长，每个果实中含有一粒种子。当果实成熟时，里面的种子就开始萌发，从母株体内吸取养料，长成胎苗。胎苗长到30厘米时，就脱离母株，利用重力作用扎入海滩的淤泥之中，几小时以后，就能长出新根。年轻的幼苗有了立足之地，一棵棵挺立在淤泥上面，嫩绿的茎和叶也随之抽出，成为独立生活的小红树。想想看，要是种子成熟后马上就坠落海

中，就会被无情的海水冲走，也就没法繁殖后代了。

红树为了生存下来，在长期与大自然的斗争中，靠着“胎生”种子，让自己的后代繁衍下来。这和人类及动物的胎生是不一样的。

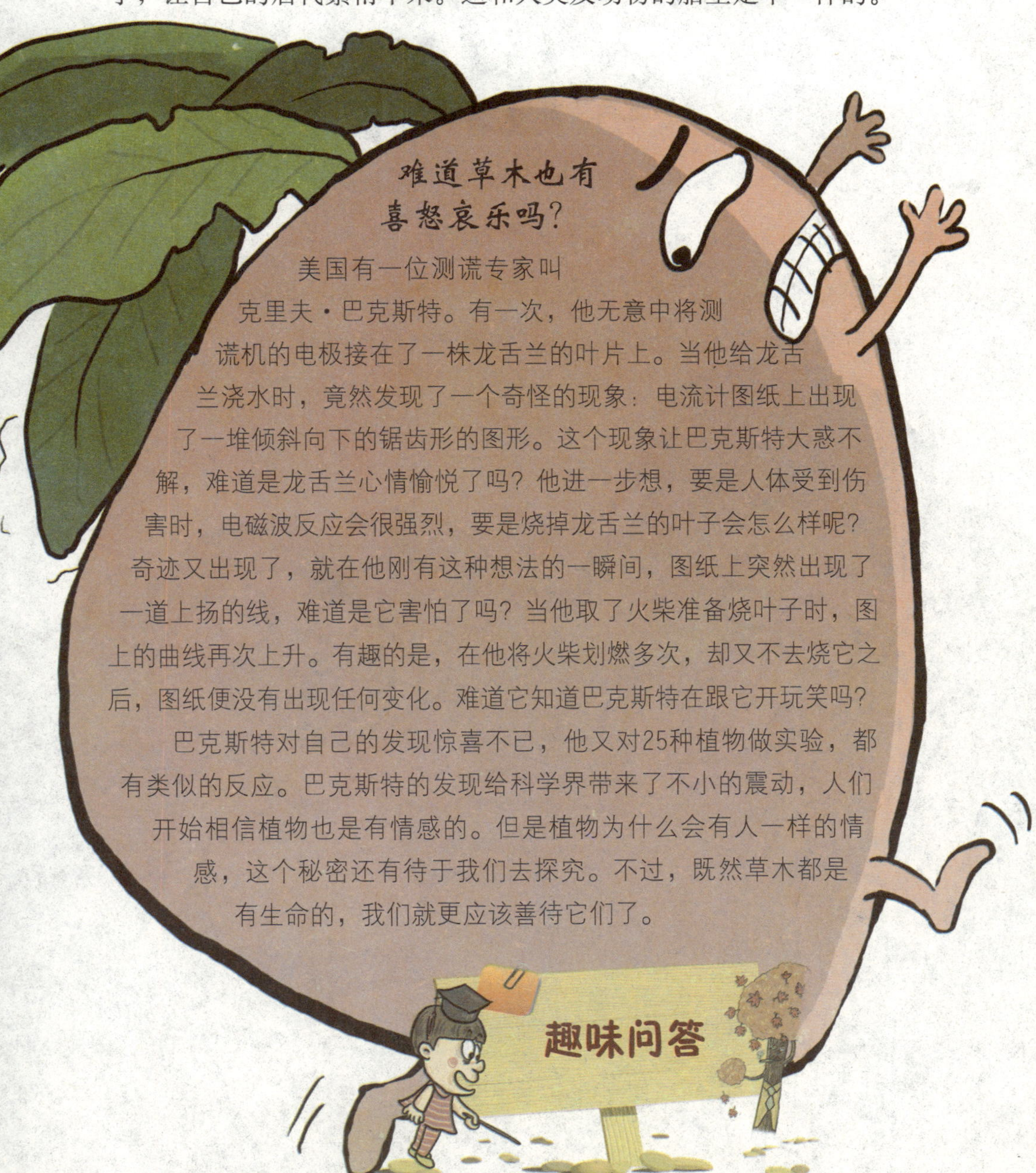

难道草木也有喜怒哀乐吗?

美国有一位测谎专家叫克里夫·巴克斯特。有一次，他无意中将测谎机的电极接在了一株龙舌兰的叶片上。当他给龙舌兰浇水时，竟然发现了一个奇怪的现象：电流计图纸上出现了一堆倾斜向下的锯齿形的图形。这个现象让巴克斯特大惑不解，难道是龙舌兰心情愉悦了吗？他进一步想，要是人体受到伤害时，电磁波反应会很强烈，要是烧掉龙舌兰的叶子会怎么样呢？奇迹又出现了，就在他刚有这种想法的一瞬间，图纸上突然出现了一道上扬的线，难道是它害怕了吗？当他取了火柴准备烧叶子时，图上的曲线再次上升。有趣的是，在他将火柴划燃多次，却又不去烧它之后，图纸便没有出现任何变化。难道它知道巴克斯特在跟它开玩笑吗？

巴克斯特对自己的发现惊喜不已，他又对25种植物做实验，都有类似的反应。巴克斯特的发现给科学界带来了不小的震动，人们开始相信植物也是有情感的。但是植物为什么会有人一样的情感，这个秘密还有待于我们去探究。不过，既然草木都是有生命的，我们就更应该善待它们了。

植物为什么会出汗呢？

夏日的早晨，要是你来到野外，会在许多植物的叶子上看到流出的滴滴汗珠，亮晶晶的，就像一颗颗闪烁的珍珠。也许你会说，这不是露珠吗，怎么能把露珠当汗珠了呢？人热了才会出汗呢，植物怎么会出汗呢？其实，露水是露水，汗水是汗水，植物也是有汗水的。

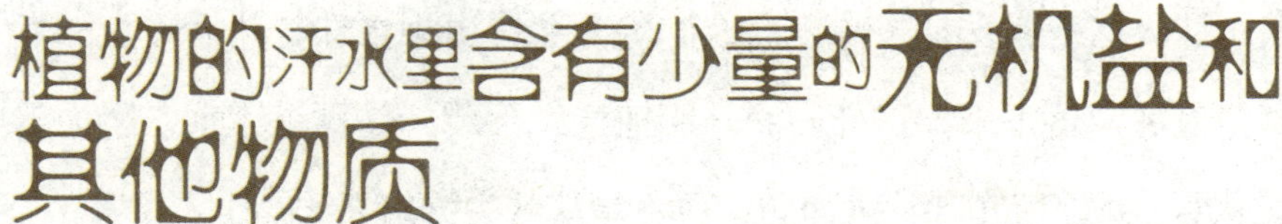

植物的汗水里含有少量的无机盐和其他物质

杨树、柳树、月季、柏树、杏树、柿树、荷花……这些花草树木都是我们再熟悉不过的了。在夏日的早晨，我们会在它们的叶片上看到很多亮晶晶的水珠，这可不是露水。因为呀，露水通常是在晴朗少风的夜晚出现的。如果你仔细观察，会发现，在有的植物的叶子的尖端会冒

出一些水珠。这些水珠掉下来以后，叶尖又会冒出小水珠，然后一点一点地变大，最后掉落下来。这样一滴一滴地连续不断。这不是露水，因为露水水滴很小，是停留在叶片表面的，而不是从叶尖流出来的，也不是连绵不断的。叶尖流出的水珠是大滴大滴的，一般都在叶尖和叶缘出现。仔细观察，你会发现，这些水滴是从植物的体内慢慢流出来的，就像出汗一样，所以是植物的汗水。植物学家把植物出汗的现象叫“吐水现象”。

人们把植物的汗水拿来化验，发现里面还含有少量的无机盐和其他物质呢。显然，植物的汗水和露水是不一样的。

“出汗”是为了保持植物体内的水分平衡

植物为什么在夏天会出汗呢？这是植物适应环境的一种生理现象。

植物在生长过程中，会从土壤中吸收大量的水分。白天植物在阳光下进行光合作用，叶面上的气孔张开着，既要进行气体交换，又要不断地蒸发水分。到了晚上，气温降低，湿度增加，气孔关闭，而根仍从土壤中吸水，植物的“肚子”被水撑得鼓鼓的，可是植物本身不需要那么多的水分，于是，过剩的水就从衰老的、失去关闭本领的气孔冒出来了。这就是“吐水”现象。

你知道吗，植物还有一种排水腺呢，叫它“汗腺”也可以。植物体内一些多余的水分也能通过这种排水腺排出去。

植物的汗水一般在夏天的夜晚流出，有时在空气潮湿、没有阳光的白天也会出汗。

在外面气温高，气候比较干燥的时候，植物排出的汗水很快就被蒸发了，所以我们不常看到。而在盛夏季节，白天温度高，根部拼命地吸收水分，加上空气湿度大，你就会在早晨发现植物出汗了。

在植物界，出汗是一种比较常见的现象。不过，有一种木本植物的出汗可就有点特别了。这种树生长在热带森林中，它在吐水的时候滴滴答答的，就像在哭泣，当地居民就叫它“哭泣树”。

植物出汗是一种生理现象，是为了保持植物体内的水分平衡，是为了使植物能正常生长。当气候干旱的时候，为了保住体内的水分，植物就会不出汗或减少出汗了。

被子植物有哪些啊？

被子植物是种子植物的一种。被子植物的种子藏在富含营养的果实中，受精时可由风当媒介，大部分则是由昆虫或其他动物传播，使得显花植物能广为散布。被子植物是植物界最高级的一类，自新生代以来，它们在地球上占着绝对优势。目前已知的被子植物有20多万种。它们是植物界中种类最多，结构和功能最复杂，分布最广，经济用途最大的一个植物类群。常见的被子植物有很多种，如玫瑰、向日葵、玉米、葱、杨树、柳树、马铃薯等。

它们是天然的空气净化器

郁郁葱葱的树木，广袤无垠的草原，以及人工栽培的花草树木，无不让人感受到植物世界的勃勃生机。各种各样的植物不仅保护地球，为人类生存提供必要的养料，美化人类的生存环境，还有不少植物能净化环境呢。这些植物自动地净化空气，使我们的生活环境更加美好。

臭椿能吸收二氧化硫

所有的植物都能净化环境，只是效果不同。从净化空气的角度来说，叶片越多，效果越好，叶片宽阔的阔叶树比针状叶子的针叶树效果要好。所以，在城市里，我们会看到很多很多的树木。它们不仅能美化市容，还能吸收空气中的有毒气体。

可是，你知道吗？有一种树，它会发出一种臭味，但却是净化空气的超级能手。这是什么树呢？臭椿，你听说过吗？

臭椿是苦木科的落叶乔木，叶为大型羽状复叶，有臭味，在中国的长江以北地区广泛栽培。因为它长得快，不择土壤，耐碱耐旱，抗寒暑，很多城市和工矿区都把它当作绿化树种和荒山造林树种。

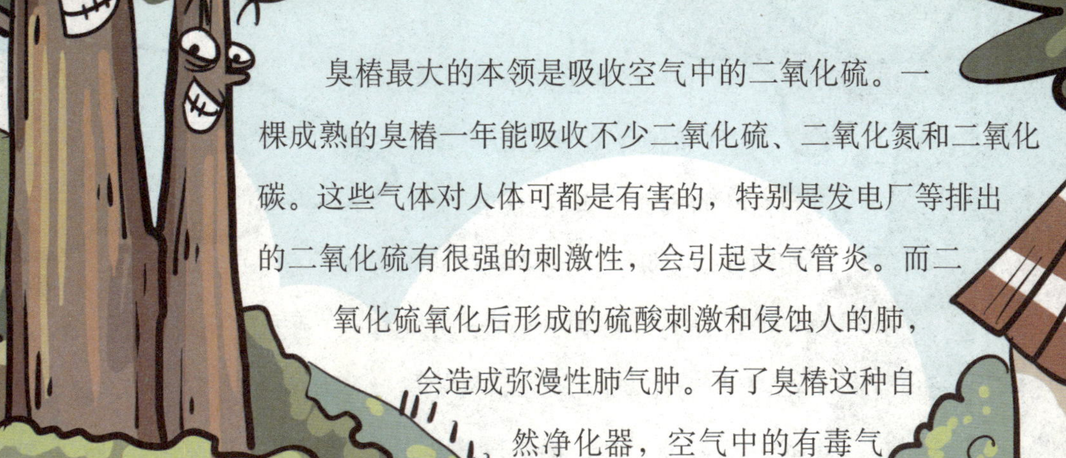

臭椿最大的本领是吸收空气中的二氧化硫。一棵成熟的臭椿一年能吸收不少二氧化硫、二氧化氮和二氧化碳。这些气体对人体可都是有害的，特别是发电厂等排出的二氧化硫有很强的刺激性，会引起支气管炎。而二氧化硫氧化后形成的硫酸刺激和侵蚀人的肺，会造成弥漫性肺气肿。有了臭椿这种自然净化器，空气中的有毒气体就能被消化掉一些。所以，在空气中含有二氧化硫的地方，臭椿叶片中含有的二氧化硫成分就特别高，就等于臭椿替人吃了这些有害气体。

杨树最能“吃”重金属

现代工业的发展，使我们呼吸的空气中含有很多重金属，比如，铅、镉、镍、汞，等等。人吸收了过多的重金属，身体就会吃不消，就会肌肉酸疼，呼吸不畅，甚至行走困难，最后导致身体功能衰竭。为了减少空气污染，城市中就种植了不少绿化树。这些树木不仅吸收二氧化碳，还能吸收其中的重金属。哪种树木最能吸收重金属呢？有专家对各种绿化树进行了实验，发现杨树叶对空气中的铅、镉、铜的综合吸附能力最强，在已知树种中杨树“吃”的铅最多。

我们都知道，树叶表面一般都是光滑的，那么它们是怎么“吃”下

空气中的重金属的呢？要是你在显微镜下观察，就会看到树叶的表面是有气孔的，就如同我们皮肤上的毛孔一样。重金属就是透过气孔，被树叶“吃”进去的。不同的树叶，气孔也有多有少。海桐树的树叶平均每平方厘米有170多个气孔，而法国梧桐的树叶每平方厘米有250多个气孔，所以法国梧桐就比海桐“吃”的重金属要多。

在众多吸“毒”高手中，杨树最厉害了。杨树有很多种类，如青杨、白杨、胡杨、钻天杨，等等。杨树对环境没有什么苛求，只要根部有一点土壤和必要的阳光雨露，它就能茁壮地成长。不论是崇山峻岭之中还是荒原沙漠之上，它都能顽强地生存。

在中国北方的许多

城市里，杨树还往往作为行道树植于大街两旁。炎炎的夏日，杨树为人们蔽日遮阴，自己承受太阳的烘烤，把清凉洒向所有的行人。它的叶子还能“吃掉”很多重金属，为城市绿化和改善生态环境作出了重要贡献。

不过，由于杨树大多数属于雌株，每年到了春末夏初，当雌花成熟时，绿色的细小种子就会披着一层白色茸毛，在空中随风飘舞，像漫天飞雪，似大地凝霜，但同时也给环境带来一些污染。

红麻也能保护环境

红麻是草本韧皮纤维植物，原产印度或热带非洲，所以又称为洋麻。红麻的生长速度很快，温度适宜的情况下，半年就能长到5米高。红麻是一种很好的植物原料。红麻的纤维是银白色的，有光泽，吸湿散水快，人们常用它织麻袋、麻布、麻地毯和绳索。剥皮后的

麻骨用于烧制活性炭和制纤维板。

红麻也可以作为造纸原料。过去，造纸是以树木为原料的，长了几十年的树木会被砍伐做纸张。无节制地砍伐树木，就会给地球造成很大的危害，植被减少会引起水土流失，使环境恶化，人类的生存就受到了威胁。用生长速度快的红麻做造纸原料，能减少对自然环境的破坏。

红麻还有一个强项，就是能分解二氧化碳，甚至空气中含有的碳酸越多，它的生长速度就越快。大自然真是奇妙，能互生互补地共同维护自然的平衡。

小球藻能净化污水

小球藻是一种藻类植物，是地球上最早的生命之一。早在20多亿年前，小球藻就存在了，而且基因始终没有变化，是一种高效的光合植物。它的繁殖能力非常旺盛，让它生活在淡水中，借助阳光、水和二氧化碳，每隔20小时就能分裂出4个细胞。它能不停地将太阳的能量转化生成蕴藏多种营养成分的藻体，并释放出大量的氧气。它的光合作用的能力要比其他植物强很多。

别看小球藻个子不大，它

的本领可不小，吸收氮、磷的能力特别强。要是把它放养在含氮较多的污水里，给它适宜的温度和光照，它的繁殖速度非常快，一昼夜它的个体数就能几倍、几十倍地增加。在繁殖的时候，它把污水中的氮、磷吸收到体内，两天以后，这些污水就可以灌溉农田了。小球藻是不是很厉害啊。

真有长生不死的草吗？

在犬牙交错的乱石山崖上，生长着一种名叫“九死还魂草”的植物。它的学名叫卷柏，是一种多年生草本蕨类植物。卷柏的形体卷缩似拳状，枝丛生，扁而有分枝，绿色或棕黄色，向内卷曲，枝上密生鳞片状小叶。卷柏有极其顽强的抗旱本领，在天气干旱时，小枝拳卷起来，缩成一团，这样体内的水分就不会流失了。一旦得到雨水，卷缩的小枝杈便平展开来，继续生长。在干旱缺水、温差变化很大的石崖缝隙中，卷柏经过几番“枯死”和“还魂”的磨难，才能长大和繁衍，所以被人们称为九死还魂草、还阳草。卷柏还可以以全草入药，味辛，性平，可用于活血通经，还有止血作用。

植物是怎么呼吸的呢？

呼吸是生物的重要生理活动。生物在生理活动中会一刻不停地呼吸。一旦呼吸停止了，生命也就结束了。可是，我们都知道，人呼吸用鼻子，很多动物呼吸也用鼻子，鱼呼吸用鳃。人和动物的呼吸都是有呼吸器官的，而植物是没有呼吸器官的，可是植物时时刻刻都在进行生命运动啊。那么，植物是怎么呼吸的呢？

牵牛花也有鼻孔呀！

植物不仅能呼吸，而且还有鼻孔呢！比如牵牛花，也许你会说，牵牛花的鼻孔在哪儿啊？我怎么看不见呢？如果你用肉眼看，肯定是看不见的。但是，它的确有空气进出的孔道用来呼吸。

牵牛花也叫喇叭花，是一种草本花卉，蔓生，茎细长，花朵非常鲜艳美丽。它的叶子很独特，要是在显微镜下观察，你会发现，叶子表皮上面长着不少像人的嘴一样的小孔，这就是牵牛花的鼻子。这个小孔一张一合的，就是在呼吸哪！

当然了，不是所有植物的气孔都长在它们的叶子上，有的长在花朵上，有的长在枝条上，只要能接触到空气，就会有进行呼吸的气孔。

那么，植物是怎么进行呼吸的呢？

生物体都能够利用氧气将细胞内的有机物分解为二氧化碳和水，同时释放出有机物中储存的能量。生物体的这个过程就是呼吸作用。呼吸作用释放的能量除了满足生命活动的需要外，还有一部分转化成了热释放出来。我们知道，种子发芽过程中会产生大量的热，这是呼吸作用的结果。

植物主要通过叶的气孔、茎的皮孔以及根毛等和外界进行交换气体。在水中生活的植物，它们的根、茎、叶中都有发达的通气组织，即使在水中也能进行气体交换。

为什么室内养花太多会缺氧呢？

很多家庭喜欢用花卉装点居室，净化空气，但是居室内养花可不是越多越好，多了反而有害。这是因为，植物也和我们一样，一天到晚不停地呼吸。白天，植物利用阳光、根部吸收水分以及二氧化碳进行光合作用，制造淀粉和氧气。此时，制造出来的淀粉太多了，它会自动转化为体积较小的葡萄糖，再输送到植物身体里的各个部分，而剩余的部分就贮藏在根部和茎部了。正是因为植物进行光合作用制造了大量的氧气，我们才能正常地呼吸。可是，你知道吗？植物在制造氧气的时候，也需要呼吸氧气呢。只不过它消耗掉的氧气非常少。

植物通过气孔进行呼吸的时候，也像人一样吸入氧气，呼出二氧化碳。所以，屋里的植物太多了，消耗的氧气多了，呼出的二氧化碳也会增多，人就会感到空气中“缺氧”，觉得胸闷、憋气、呼吸困难。

银杏树为什么被称为“活化石”？

银杏又名白果，因为商店出售的银杏是白色的，因此而得名。事实上，银杏成熟时的外种皮是黄色或橙黄色的，肉质厚，去掉外种皮才显露出白色。银杏是裸子植物，落叶乔木，树干端直，高可达40米，胸径可达4米，老树的树皮粗糙，灰褐色，有深的纵裂纹。叶的顶端有波状缺刻或浅裂，有长叶柄。

银杏生长较慢，植后20年左右才开始开花结实。人们常说爷爷种的银杏树要到孙子那一代才能收获种子，所以银杏又有公孙树之称。

银杏是现存种子植物中最古老的孑遗植物，被称为“活化石”。它在距今大约2.5亿年的中生代很繁盛，分布遍及全球。到第四纪冰期后，世界上其他地区的银杏已经绝迹，只在中国保存了下来。

植物也会说话吗？

小鸟会叫，甚至还会说话呢！好多动物都会说话。虽然我们并不能读懂鸟兽的语言，但我们相信，动物也有它们各自的语言的。它们会用不同的声调和音节，来表达它们的喜、怒、哀、乐。那植物是不是也有语言呢？它们之间是不是也有一种特殊的方式来传递信息呢？

黄梅戏里的老槐树说话了

中国戏曲黄梅戏《天仙配》里有一段，七仙女爱上了善良、纯朴的董永，请槐荫树做媒，喜结连理，槐荫树开口说了话。后来，七仙女被抓回天庭，夫妻悲惨离别，槐荫树也悲伤得枯萎了。

戏里的槐荫树会说人话，那不过是神话故事。可是，植物到底能不能“说话”呢？科学家告诉我们，植物也是有“语言”的。

植物是怎么说话的呢？我们可从没见过植物有发音器官啊，除了风吹树叶阵阵响、雨打芭蕉滴滴声以外，从来没听见过植物主动“说”过什么啊。

不过，一些研究人员认为，植物之间也有信息交流。虽然它们的语言与人类不同，但当它们遇到一些危险的时候，会发出信号。

毛毛虫进攻时，植物会向黄蜂求救

植物学家研究发现，当面对饥饿的食草虫的进攻时，植物不只是消极被动地等待，许多受伤害的植物都会发出一种化学求救信号。它们会向邻居们发出一种化学信号，相邻的植物一接到“蝗虫入侵”的信号就会立即启动它们的防御系统。比如说，当毛毛虫在吃一种植物时，这种植物就向会黄蜂发出求救信号，让黄蜂来杀死毛毛虫。

难道这种植物知道黄蜂是毛毛虫的天敌吗？植物向黄蜂发出的信息到底是什么呢？

科学家曾经做过一个实验。他们模仿食草虫，把鼠尾草的叶子剪下了一部分，鼠尾草散发出了一种挥发性物质。相邻的烟草叶立即建立了它们的防卫。几分钟内，烟草体内的一种酶增加了4倍，这种酶使烟草的叶子产生了一种特别

的味道，食草虫不喜欢这种味道，就不会吃它们了。不过，鼠尾草不会为了不相干的邻居的利益而散发出这种挥发性物质。也许鼠尾草只是想吸引另一种食肉虫，让它们来吃掉食草虫，从而保护自己。

看来，植物的智慧真是超过我们人类的想象呢！

茅膏菜是怎么传递信号的？

茅膏菜是一种小草本植物，也是很有名的食肉植物。它有球形的地下茎，每片叶子上都长着一层浓密的绒毛，每根纤毛的顶端也都有一颗亮晶晶的像胶水般的“水滴”。这些绒毛特别敏感，当蚊子或苍蝇停落在叶片上时，叶片受到刺激，绒毛就向下弯曲，邻近的绒毛也跟着帮忙逮住猎物，而蚊蝇又因被“水滴”黏住而无法脱身，只好乖乖地就擒。

有趣的是，当俘获个头较大的虫子时，茅膏菜的叶子就会自动对折起来夹住它。要是一片叶子对付不了俘获品，别的叶子会前来相助，决不会轻易让猎物逃脱的。

这说明，茅膏菜是有类似神经那样的传递反应的。捉到猎物的信号可以沿着布满叶子的叶脉管向四方传递。叶脉管真有点像神经呢。

要是把一段纤细的头发，或者一只小蚂蚁，放在茅膏菜的叶子上，叶面的纤毛也会立刻弯曲。这种纤毛简直是太敏感了。

茅膏菜的腺毛还能分泌一种含有蛋白酶的消化液，这种消化液竟能消化肉类、脂肪、血、种子、花粉、小块骨头甚至是牙齿的珐琅质。真是不可思议！

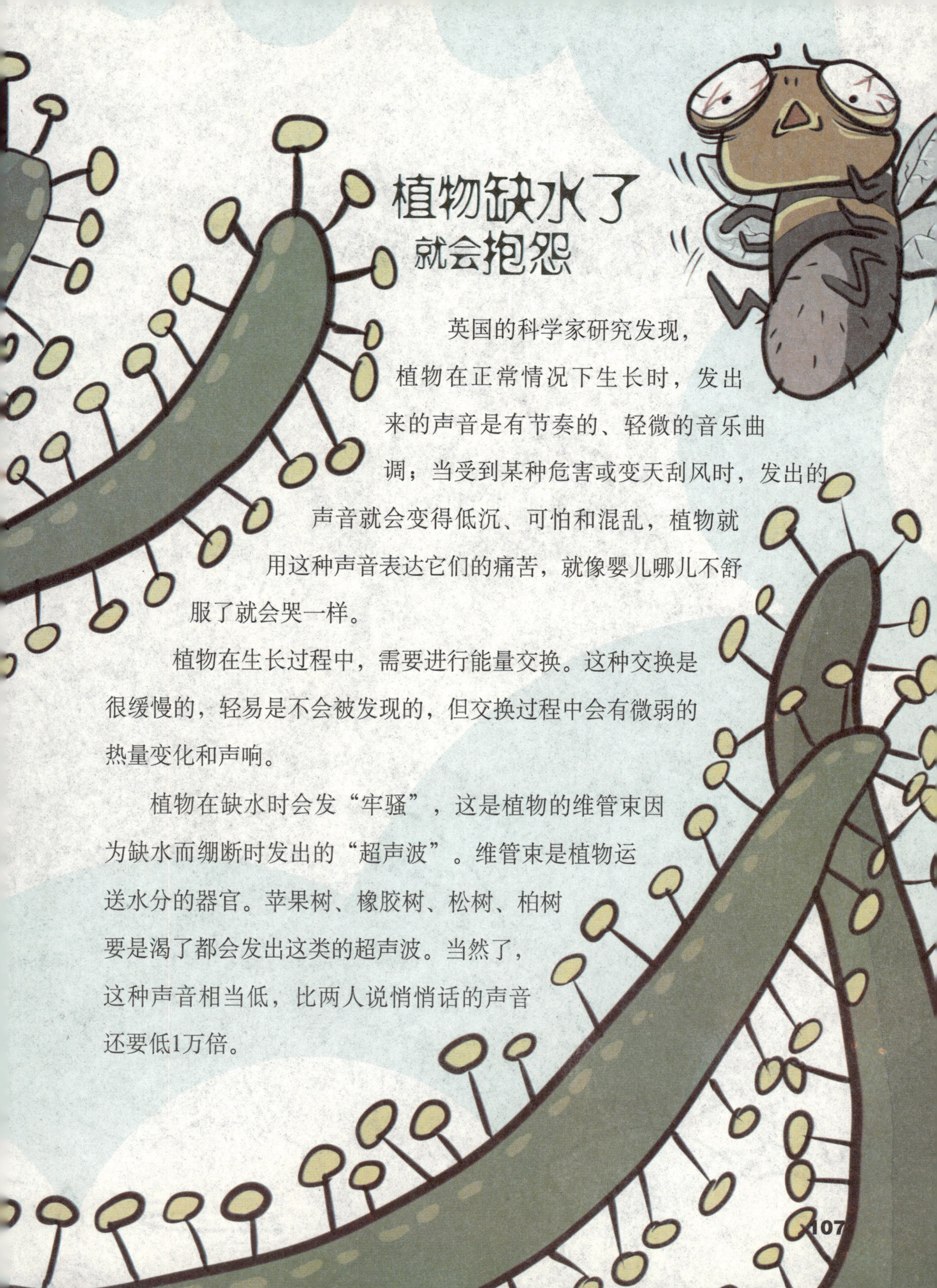

植物缺水了就会抱怨

英国的科学家研究发现，植物在正常情况下生长时，发出来的声音是有节奏的、轻微的音乐曲调；当受到某种危害或变天刮风时，发出的声音就会变得低沉、可怕和混乱，植物就用这种声音表达它们的痛苦，就像婴儿哪儿不舒服了就会哭一样。

植物在生长过程中，需要进行能量交换。这种交换是很缓慢的，轻易是不会被发现的，但交换过程中会有微弱的热量变化和声响。

植物在缺水时会发“牢骚”，这是植物的维管束因为缺水而绷断时发出的“超声波”。维管束是植物运送水分的器官。苹果树、橡胶树、松树、柏树要是渴了都会发出这类的超声波。当然了，这种声音相当低，比两人说悄悄话的声音还要低1万倍。

我们在写作文的时候，常常会说“连树叶也发出悲鸣”，这是树叶通过自己的方式表达它的情感，传递它的心声呢！所以说呀，植物也是有灵性的，可不要随便破坏植物啊。

刺橡的表皮为什么那么硬呢？

植物界真是千奇百怪，无奇不有。在俄罗斯，有一种植物叫刺橡，它的木材是紫黑色的，看上去没有什么奇怪之处，可是，它其实是很有威力的。科学家曾做过一个实验，用刺橡做了一个靶子，对着它一口气发射了几万发子弹。你知道结果怎么样吗？它是不是被打烂了呢？告诉你吧，这只靶子竟然把子弹全部挡了出去。刺橡怎么会有这么大的本事呢？

原来呀，刺橡的表皮细胞能分泌一种半透明的胶质，当它遇到空气的时候就会变硬。这种胶质是什么呢？通过化学分析，它里面含有铜、铬、钴离子，就是这些元素才使得刺橡变得那么坚硬的。刺橡就凭着这一招保护了自己。

植物用什么武器来自卫呢？

生长在大自然中的植物，时刻都会受到来自动物界的攻击，甚至有时会受到来自于同为植物的攻击，然而，地球上的绿色植物仍然占有绝对优势。因为它们没有消极地坐以待毙，而是勇敢地面对来犯之敌。虽然它们既没有神经，也没有意识，但在长期的生存保卫战中，植物不仅懂得了如何生存自卫，甚至还会主动出击。

野兔怎么闹肚子了?

1970年，美国阿拉斯加州的原始森林中野兔横行，它们疯狂地啃食嫩芽、破坏树根，这么下去，树木还不让野兔给啃光了啊！人们用了各种办法想消灭野兔，可是野兔却一点也不见少。

就在这时，奇迹出现了。野兔们集体闹起了肚子，死的死，逃的逃，没几个月，野兔就无影无踪了。这是怎么回事呢?

原来，野兔啃过的植物重新长出的芽、叶中新产生了一种化学物质，野兔吃了它就被毒死了。

1981年，美国的一大片橡树林里，出现了好多好多的舞毒蛾，橡树林的叶子都被啃得精光。奇怪的是，第二年，那里的舞毒蛾突然销声匿迹了，橡树叶子都重新长了出来。这是怎么回事呢?

原来，在遭受舞毒蛾咬食之前，橡树叶子含有的单宁质含量不多，在被咬食后却大量增加了。舞蹈蛾吃了这种叶子，就会浑身不舒服，行动也变慢了。这样啊，舞毒蛾不是病死了就是被鸟给吃掉了。

它们用自身的有毒物质来自卫

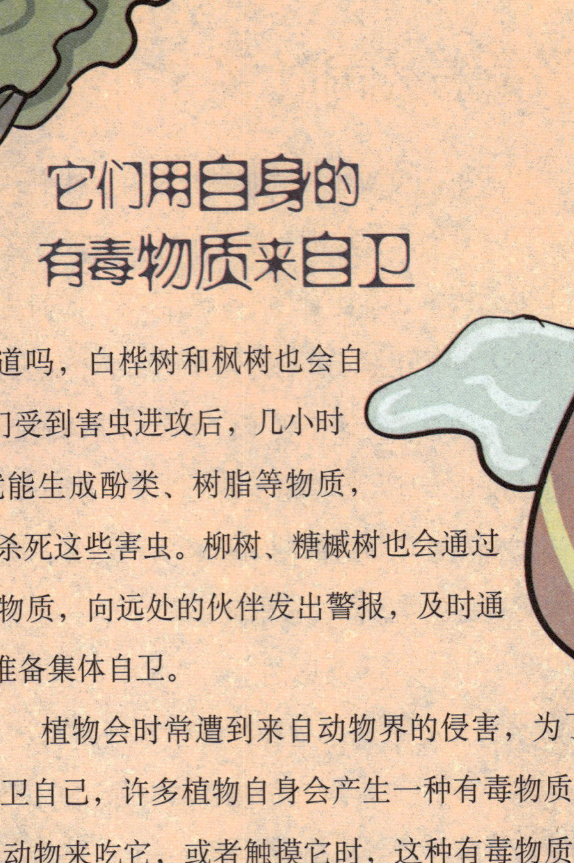

你知道吗，白桦树和枫树也会自卫。当它们受到害虫进攻后，几小时或几天内就能生成酚类、树脂等物质，这些物质能杀死这些害虫。柳树、糖槭树也会通过散发挥发性物质，向远处的伙伴发出警报，及时通知同类做好准备集体自卫。

植物会时常遭到来自动物界的侵害，为了保卫自己，许多植物自身会产生一种有毒物质，当动物来吃它，或者触摸它时，这种有毒物质就会发挥它的威力。

你知道夹竹桃吧，它的身体里含有强心苷，昆虫要是咬了它，这只虫子就会因为肌肉松弛而丧命。

龙舌兰的身体里含有可使动物红细胞破裂的物质。一些金合欢植物含有氰化物，氰化物是有剧毒的，能损坏细胞的呼吸作用。

漆树是一种珍贵木材，它身体里分泌出来的汁液是漆高档家具的理想材料，但其中含有的漆酚，会使人中毒，所以被称为“咬人树”。

有的植物虽不含毒素，但它们体内含有某些物质，动物因此不愿意接近它们。如橡树叶子含鞣质，能与蛋白质形成一种物质，降低了叶子的营养价值，昆虫也就不爱吃了。

一些有毒植物气味不佳，如水毒芹和烟草。草食动物闻到难闻的气味后便去别处觅食了。

植物的针、刺都是防卫武器

有些植物身上长着锐利的针、刺，有了它们敌人就不敢接近了。比如皂荚树，树干和枝条上长了许多枝刺，小孩不敢攀登，连厚皮的水牛都不敢去碰它一下。

板栗的种子外面的总苞上长满了刺，动物都不敢吃它。

南非有一种锚草，它的果实形似铁锚，上面长满了硬刺，刺上还有钩，连“兽中之王”的狮子，见了它也要躲开。锚草的果实一旦扎入狮子的口腔、鼻孔，就拔不出来了，狮子因为吃食不便就会死掉。

要是植物把针和毒这两种防御武器结合起来，那可就不得了了。有一种蜇人的荨麻草，它的茎叶上长着带毒的刺毛，毛端尖尖的，脆弱易折。当人畜或其他动物碰到它时，刺毛就向人或动物的皮肤里射毒，让他们疼痛难忍。

每一种植物要想生存下去，都会有自己的一套防身办法。蚕豆叶面上有一种锋利的钩状毛，要是臭虫爬上去了，

钩状毛就会把它死死地缠住，臭虫动弹不得慢慢就饿死了。

植物之间的化学战争

苦苣菜是一种杂草，你可千万别小看它，它竟敢欺负比它高大的玉米和高粱。在玉米和高粱地里，如果苦苣菜成群，它就会称王称霸，还可能会把玉米、高粱置于死地呢。

苦苣菜是怎么战胜比它高大的玉米、高粱的呢？秘密就在于它的根部

能分泌一种毒素，这种毒素能抑制或杀死它周围的作物。

小小的紫云英，也常常依仗自己叶子上丰富的硒去杀伤周围的植物。下雨天是它杀伤其他植物的有利时机。紫云英身上的硒被雨水冲刷、溶解，流入土中，毒死与它共同生长的植物，成为小小的一霸。

有一种野生灌木鼠尾草，更是不得了。它的叶子能放出大量的挥发性化学物质。这些物质能透过角质层，进入植物的种子和幼苗，对周围一年生植物的发芽、生长产生毒害。鼠尾草的这种“化学武器”十分厉害，在每棵鼠尾草周围1米至2米之内，竟寸草不长！

植物之间的战争都是“化学战”，使用的都是“化学武器”，而这些“化学武器”就是它们各自特有的化学分泌物质。

花生为什么地上开花地下结果?

你注意到没有，一般的植物，在开花授粉以后，要不了多久就在枝条上结出了一个个小果子，比如果园里的梨树、海棠树。可是花生却不是这样的，你能看到它的小枝上开出了金黄色的小花，可是过了好久怎么没见结果子呢？你再往土壤里扒拉扒拉，原来，果子长到这里了。

花生的果子长在了根部的土壤里，那么要是把它的根部露在外面，它还能结果子吗？有人做过实验，要是把花生的根部露在阳光下，它就不长果子了；要是用个黑纸袋把它悬在空中，把受过精的子房包起来，它就结出果子来了。原来，花生的果子是不喜欢见光的，喜欢在黑暗的环境里生长。这是它长期适应环境的结果。花生的子房柄是很短的，受精后子房柄迅速伸长，钻入土中，就在土中发育成茧状的荚果，最后就变成了我们常见的样子了。所以人们常说，落花生，落花生，落花果就生。

植物之间有相亲相爱，也有冤家对头

在自然界中，同一环境中生存的不同种植物，有的会相亲相爱，相得益彰；有的则相互排斥，不是一方受害，就是两败俱伤。这就是植物种间存在的“相亲”与“相克”行为。

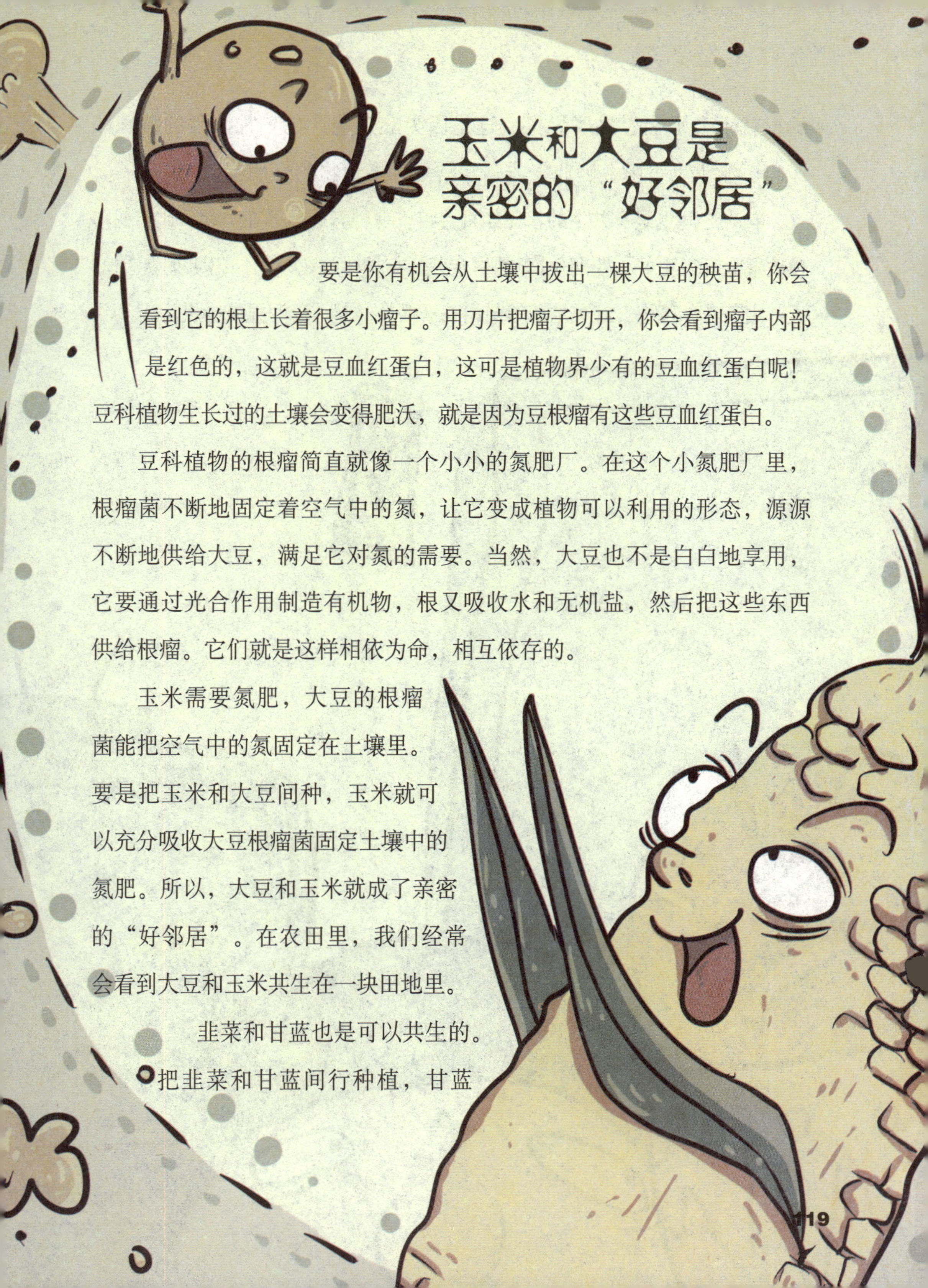

玉米和大豆是亲密的“好邻居”

要是你有机会从土壤中拔出一棵大豆的秧苗，你会看到它的根上长着很多小瘤子。用刀片把瘤子切开，你会看到瘤子内部是红色的，这就是豆血红蛋白，这可是植物界少有的豆血红蛋白呢！豆科植物生长过的土壤会变得肥沃，就是因为豆根瘤有这些豆血红蛋白。

豆科植物的根瘤简直就像一个小小的氮肥厂。在这个小氮肥厂里，根瘤菌不断地固定着空气中的氮，让它变成植物可以利用的形态，源源不断地供给大豆，满足它对氮的需要。当然，大豆也不是白白地享用，它要通过光合作用制造有机物，根又吸收水和无机盐，然后把这些东西供给根瘤。它们就是这样相依为命，相互依存的。

玉米需要氮肥，大豆的根瘤菌能把空气中的氮固定在土壤里。要是把玉米和大豆间种，玉米就可以充分吸收大豆根瘤菌固定土壤中的氮肥。所以，大豆和玉米就成了亲密的“好邻居”。在农田里，我们经常会看到大豆和玉米共生在一块田地里。

韭菜和甘蓝也是可以共生的。把韭菜和甘蓝间行种植，甘蓝的根就不会那么容易腐烂了，这是因为韭菜能产生一种浓烈的特殊的怪味，能驱虫杀菌。因此，韭菜常常是许多植物的好朋友。

花卉之间也是有共生的，比如百合与玫瑰种养或瓶插在一起，比它们单独放置会开得更好；花期仅1天的旱金莲如与柏树放在一起，花期就会延长3天；山茶花、茶梅、红花油茶等与山苍子摆放一起，可明显减少煤污病。

植物间的“冤家”

植物间也有择邻而居的。有的植物在一起能习性互补，叶片或根系的分泌物互为利用，使它们能互惠互利，和谐相处。有的植物在生长过程中会释放出不同的气体或物质，有的能被相邻的植物所接受，有的植物就是不接受，为此经常发生无声的“化学战”，最后造成两败俱伤。

植物间的“冤家”是很多的。

核桃树与苹果树就是一对冤家。核桃树的叶子会分泌一种物质，这种物质偷偷地随着雨水流进土壤里，苹果树的根接触到了会引起细胞质壁分离，苹果树的根就难以成活了。要是苹果树的树荫下有苜蓿或燕麦，苹果树也会受到“袭击”，苹果树长得就不那么快了。

葡萄和小叶榆经常不宣而战。在葡萄园的周围，如果种上小叶榆，葡萄就会遭殃。小叶榆不容葡萄和它共生，它的分泌物对于葡萄来说是一种严重的威胁，因此葡萄的枝条总是躲得远远的，背向小叶榆而长。如果小叶榆离葡萄太近，那么，小叶榆分泌物的杀伤力就更大，葡萄的叶子就会干枯凋萎，果实也结得稀稀拉拉的。如果葡萄周围是小叶榆

林带，距离小叶榆林带数米外的葡萄几乎会全被它们杀死。

如果西红柿与黄瓜种在一起，它们会一起减产。如果让马铃薯同黄瓜为伍，马铃薯就会得病。

如果把蓖麻和芥菜种在一起，虽然前者要比后者粗壮许多，但前者下部的叶子会大量枯黄而逐渐死去。

如果栎树和榆树碰到一起，那么你会发现栎树的枝条会背向榆树弯曲生长，力求远避这个“坏邻居”。

丁香花和水仙花不能在一起，因为丁香花的香气对水仙花危害极大。

郁金香和勿忘草、丁香花、紫罗兰都不能生长在一起，否则会互不相让。

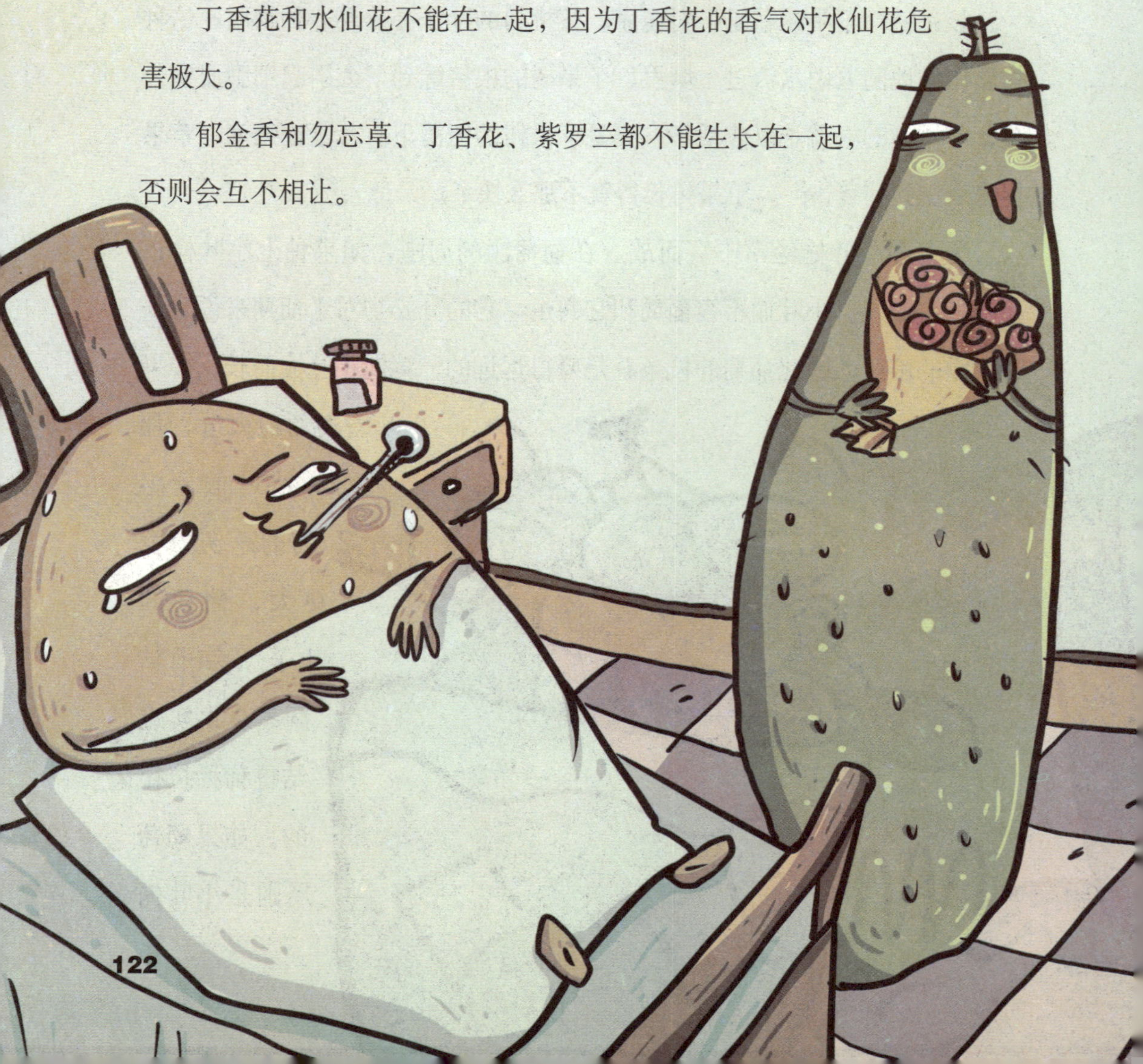

铃兰的“脾气”可不怎么好，几乎对其他一切花卉都不够“友善”。比如丁香和铃兰放在一起，即使相距20厘米远，丁香花也会迅速萎蔫。但是如果把铃兰移开，丁香就会恢复原状。

小麦、玉米、向日葵不能和白花草、木樨生长在一起，不然这些作物会一无所获。

研究植物之间的相生相克，可是一门大学问呢。掌握了它们的规律，对于发展农业生产，提高农作物的产量，从而获得丰收是很有意义的。在栽培植物的时候，一定要记住把相互有利的植物栽在一起，千万不要让冤家对头同居，以免同室操戈，两败俱伤。

动物和植物之间也有温情

我们这个地球已经存在了很多很多年了，地球上存在过无数的动物和植物，有时候，动物攻击植物，植物也反击动物，甚至动物之间、植物之间也都会发生战争。但很多时候，动物和植物也能相安无事，和平共处呢。自然界从来不缺少温情。

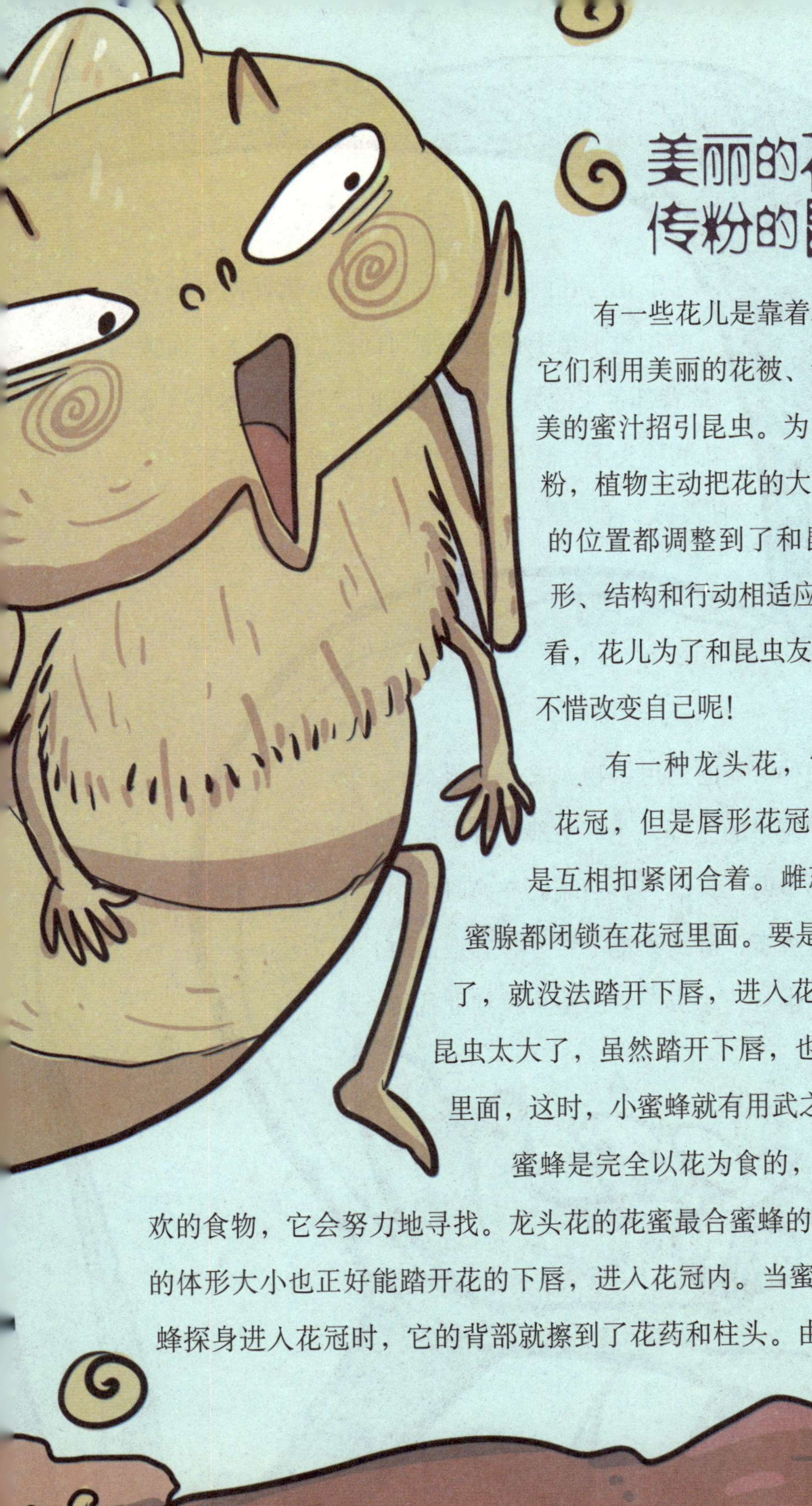

美丽的花与传粉的昆虫

有一些花儿是靠着小昆虫做媒的，它们利用美丽的花被、芳香的气味、甜美的蜜汁招引昆虫。为了方便小昆虫传粉，植物主动把花的大小、结构和蜜腺的位置都调整到了和昆虫的大小、体形、结构和行动相适应的程度。你看，花儿为了和昆虫友好相处，都不惜改变自己呢！

有一种龙头花，它长着唇形花冠，但是唇形花冠的上下唇老是互相扣紧闭合着。雌蕊、雄蕊和蜜腺都闭锁在花冠里面。要是昆虫太小了，就没法踏开下唇，进入花内；要是昆虫太大了，虽然踏开下唇，也不能进入里面，这时，小蜜蜂就有用武之地了。

蜜蜂是完全以花为食的，为了吃到它喜欢的食物，它会努力地寻找。龙头花的花蜜最合蜜蜂的口味，蜜蜂的体形大小也正好能踏开花的下唇，进入花冠内。当蜜蜂探身进入花冠时，它的背部就擦到了花药和柱头。由

于花药在两侧，柱头在中央，因此同一朵花的花粉不至于被蜜蜂带到自己的柱头上，而蜜蜂背部带来的另一朵龙头花的花粉正好擦在这朵花的柱头上，这样异花传粉就完成了。你看，这种植物多聪明啊。

马兜铃是一种常见的药用植物，它的花冠很长，雌蕊、雄蕊和蜜腺都在花冠的基部，花冠上部长着斜向基部的毛。它的雌蕊比雄蕊早两三天成熟。当雌蕊成熟时，小虫顺着毛爬进花冠基部去吸蜜，等到吸饱了蜜汁想要退出时，因为花冠里的毛都向下生长，小虫一时出不来就到处乱爬，这么爬

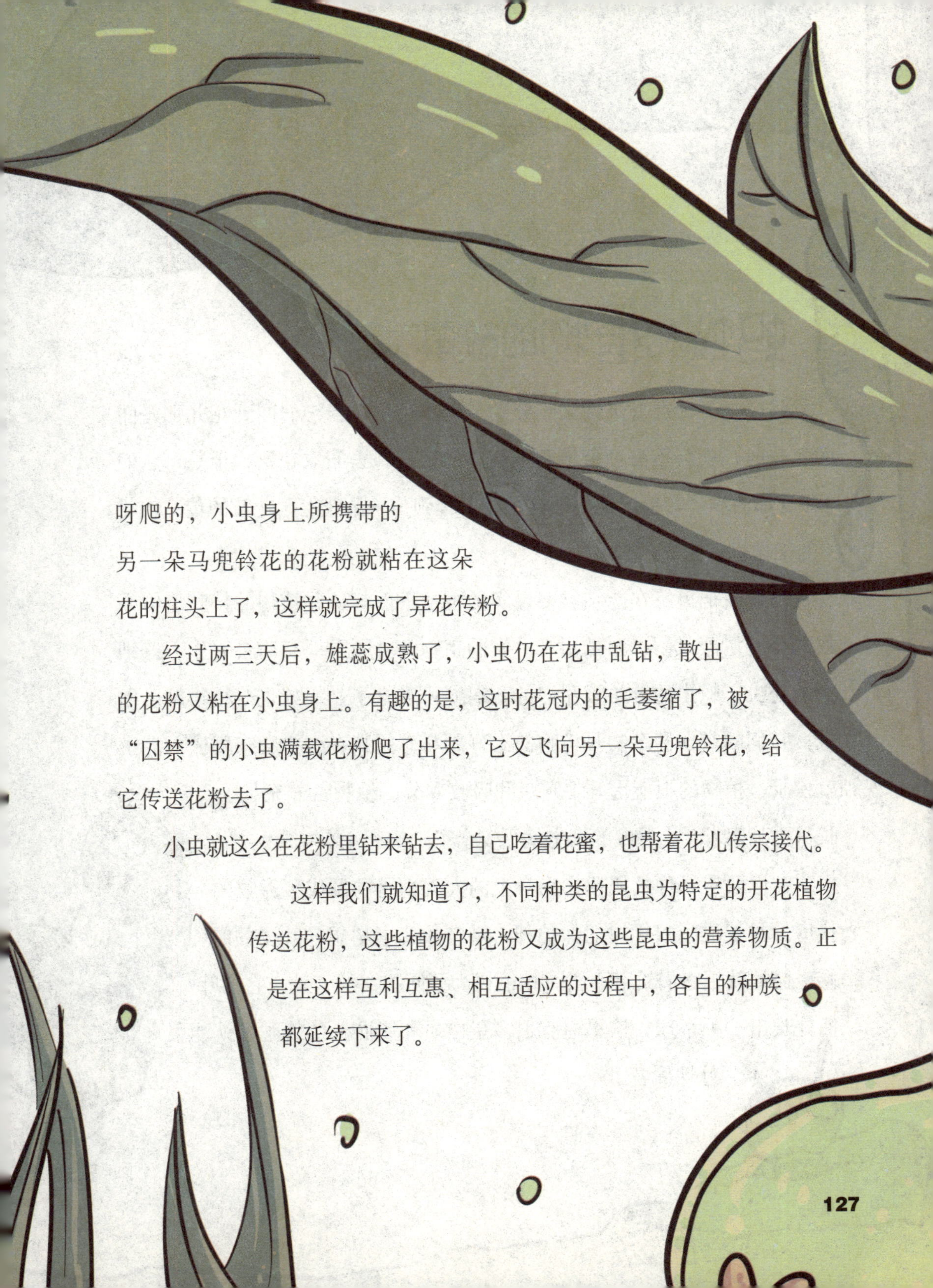

呀爬的，小虫身上所携带的另一朵马兜铃花的花粉就粘在这朵花的柱头上了，这样就完成了异花传粉。

经过两三天后，雄蕊成熟了，小虫仍在花中乱钻，散出的花粉又粘在小虫身上。有趣的是，这时花冠内的毛萎缩了，被“囚禁”的小虫满载花粉爬了出来，它又飞向另一朵马兜铃花，给它传送花粉去了。

小虫就这么在花粉里钻来钻去，自己吃着花蜜，也帮着花儿传宗接代。

这样我们就知道了，不同种类的昆虫为特定的开花植物传送花粉，这些植物的花粉又成为这些昆虫的营养物质。正是在这样互利互惠、相互适应的过程中，各自的种族都延续下来了。

蚂蚁和植物的故事

蚂蚁是一种很有灵性又十分勤劳的小昆虫，当它们闻到花儿那好闻的气味时，就会不辞辛劳地爬上高高的植株，去搬取花蜜，于是，它们浑身都沾满了花粉。他们从这朵花上爬到另一朵花上，花儿的传花授粉的工作也就完成了。

蚂蚁爱把巢筑在能结鲜美果实的植物下面。这些植物的枝叶能给蚂蚁的小屋遮蔽风雨、阻挡阳光。有的植物的叶子下面有时会寄生一些细小的蚜虫，蚜虫的分泌液甜甜的，蚂蚁可爱吃了。蚂蚁也对植物施以回报，它们的粪便和杂物是植物的上好肥料。蚂蚁在土中爬来爬去，泥土就松了，植物的根能更好地呼吸和吸收养分。植物营养充足了，就长得更茂盛了，小蚂蚁的家也就更安全了。

在巴西有一种蚁栖树，它身上的大大小小的洞成了益蚁的住房，益蚁成了蚁栖树的保护神，啮叶蚁爬上树想吃叶子的时候，益蚁就把它们给轰下去。蚁栖树为了回报益蚁，就在它的叶柄处长出一种小球，这里边有很多蛋白质和脂肪，益蚁吃了就能很好地活着了。

树怎么会笑呢？

在非洲有一个植物园，那里时不时地就会传来“哈哈”大笑的声音。可是前后左右看看，没人啊，哪来的笑声呢？

原来这是一种笑树传出来的笑声。笑树是一种小乔木，上面有一些枝丫，每个枝丫上都长着一个小果子，就像个小铃铛。这种果子里边长着像小珠子似的种子，能在果子里边随便的滚动。果子成熟以后，果皮又薄又脆，当阵阵微风吹来的时候，小果子开始随风摆动，里边的小种子碰撞果壳发出清脆的声音。当很多的小果子都发出这种声音的时候，这声音就更大了，而且特别像人的笑声，要是不知道，还真以为是人在哈哈大笑呢！

这些植物有特异功能吧！

在漫长的岁月中，植物为了适应环境，都会发生一些有趣的改变，就是因为这些变异，使得植物界更加的丰富多彩。那些有着“特异功能”的植物更是给我们留下了一个又一个不解之谜，也需要我们更加努力地去研究和发现其中的秘密。

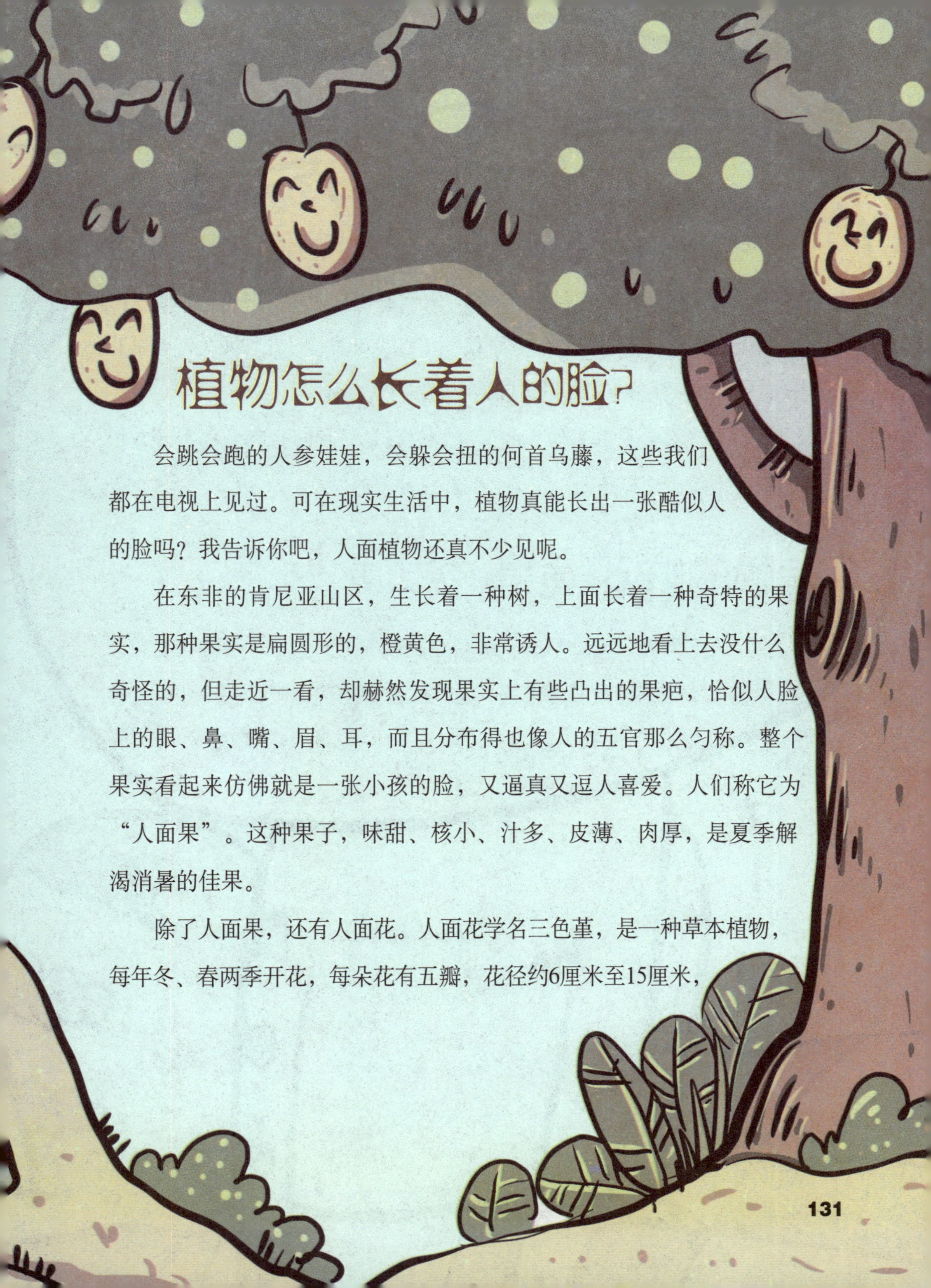

植物怎么长着人的脸?

会跳会跑的人参娃娃，会躲会扭的何首乌藤，这些我们都在电视上见过。可在现实生活中，植物真能长出一张酷似人的脸吗？我告诉你吧，人面植物还真不少见呢。

在东非的肯尼亚山区，生长着一种树，上面长着一种奇特的果实，那种果实是扁圆形的，橙黄色，非常诱人。远远地看上去没什么奇怪的，但走近一看，却赫然发现果实上有些凸出的果疤，恰似人脸上的眼、鼻、嘴、眉、耳，而且分布得也像人的五官那么匀称。整个果实看起来仿佛就是一张小孩的脸，又逼真又逗人喜爱。人们称它为“人面果”。这种果子，味甜、核小、汁多、皮薄、肉厚，是夏季解渴消暑的佳果。

除了人面果，还有人面花。人面花学名三色堇，是一种草本植物，每年冬、春两季开花，每朵花有五瓣，花径约6厘米至15厘米，

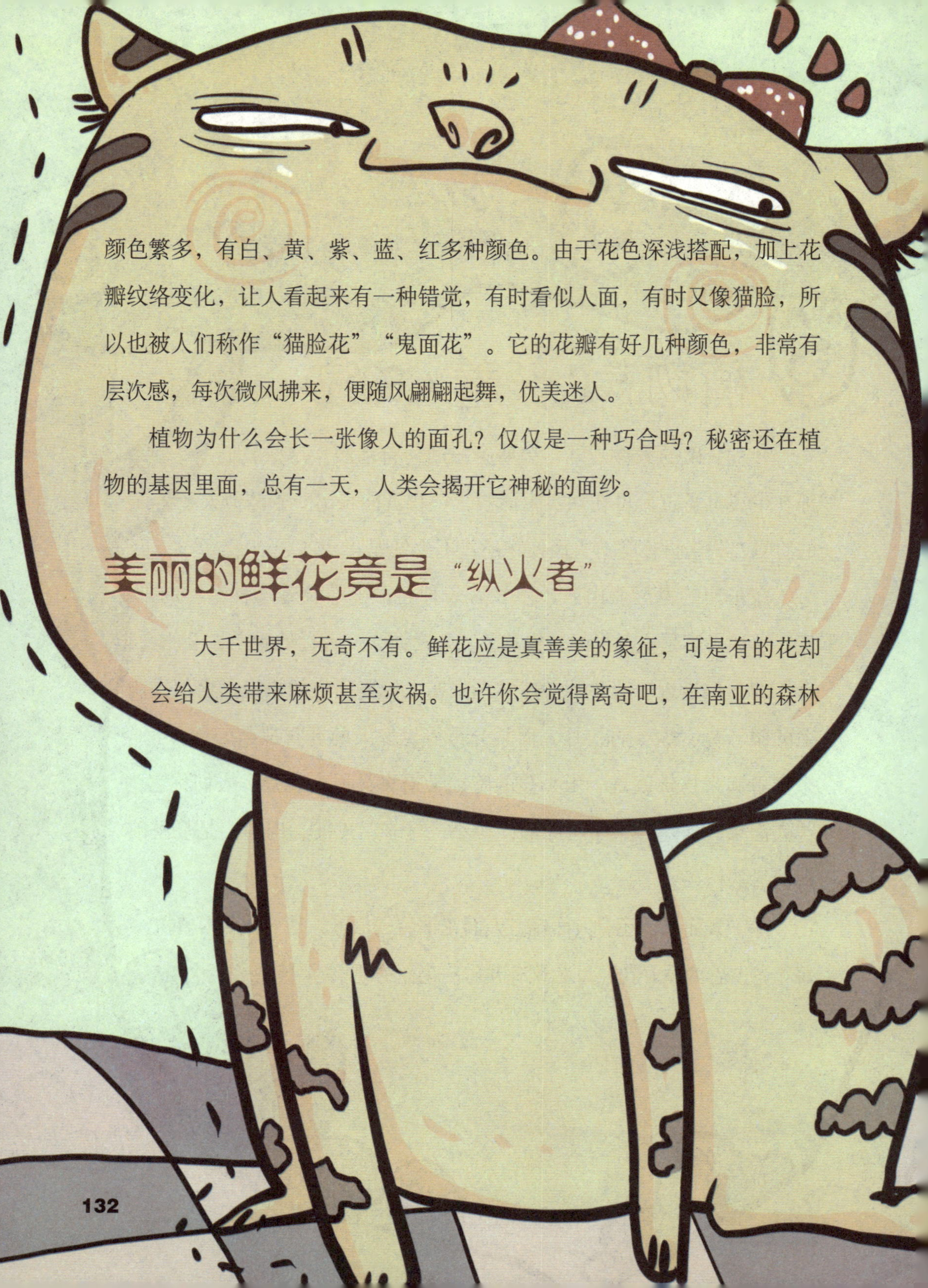

颜色繁多，有白、黄、紫、蓝、红多种颜色。由于花色深浅搭配，加上花瓣纹络变化，让人看起来有一种错觉，有时看似人面，有时又像猫脸，所以也被人们称作“猫脸花”“鬼面花”。它的花瓣有好几种颜色，非常有层次感，每次微风拂来，便随风翩翩起舞，优美迷人。

植物为什么会长一张像人的面孔？仅仅是一种巧合吗？秘密还在植物的基因里面，总有一天，人类会揭开它神秘的面纱。

美丽的鲜花竟是“纵火者”

大千世界，无奇不有。鲜花应是真善美的象征，可是有的花却会给人类带来麻烦甚至灾祸。也许你会觉得离奇吧，在南亚的森林

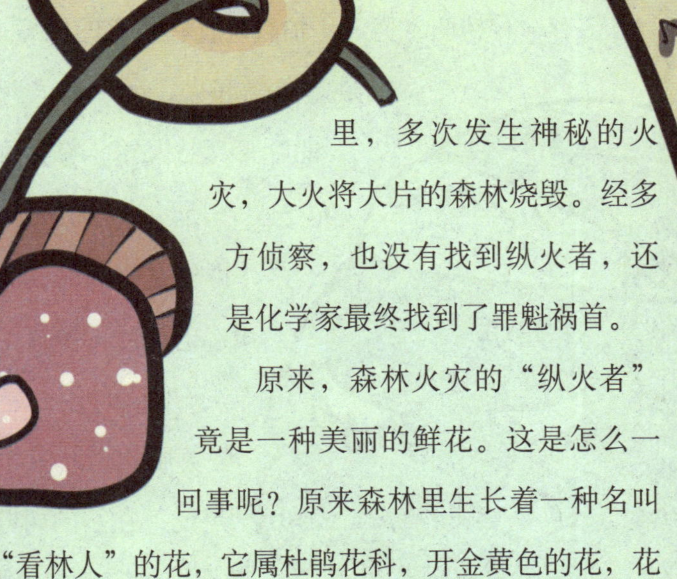

里，多次发生神秘的火灾，大火将大片的森林烧毁。经多方侦察，也没有找到纵火者，还是化学家最终找到了罪魁祸首。

原来，森林火灾的“纵火者”竟是一种美丽的鲜花。这是怎么一回事呢？原来森林里生长着一种名叫“看林人”的花，它属杜鹃花科，开金黄色的花，花散发阵阵清香，花朵和茎叶里饱含挥发性很强的芳香油。当森林里的空气干燥而灼热时，芳香油便大量地挥发出来，当气温高达这种芳香油的燃点时，就会自燃起来，酿成森林火灾。

有一种树不怕火烧

大自然真是很奇妙，不但有“放火”的花还有会“灭火”

的树呢!火灾是树木的大敌，人类曾为扑救森林火灾付出巨大的代价。在与火魔长期的斗争中，人类发现有不少绿色物能有效阻止大火蔓延，是天然的“消防员”。

有一种树叫木荷，不怕火烧，在烈火的炙烤下，虽然表皮焦了，可就是不会燃起火，所以有人叫它“烧不死”。木荷的叶片又浓又密，覆盖面特别大，树下没有杂草丛生，所以能遏止火势蔓延。最让人惊奇的是，即便是被火烧伤了，第二年它也能萌发出新的枝叶，恢复生机。

木荷为什么能防火呢？因为木荷那些草质的树叶含水量达42%左右，也就是说，在它的树叶成分中，有将近一半是水分，一般的山火是奈何不了它的。还有它的树冠高大，叶子浓密，一条由木荷树组成的林带，就像一堵高大的防火墙，能将熊熊大火阻断隔离。

木荷的种子又轻又薄，要是被风一吹，它能飞出去很远很远，所以它的繁殖面积也很广。木荷和松树、杉树、樟树混合种在一

起，对阻燃大火有一定的作用。

生长在中国南海的海松树也不怕火烧，一旦发生火灾，最多叶子被烧掉，第二年照样发新叶，正常开花结果。要是你将一根头发绕在用海松树做成的烟斗柄上，然后用火柴去烧头发，头发居然烧不断。这是因为海松的散热能力特别强，加上它木质坚硬，特别耐高温，所以不怕火烧。

能喷水的树

在澳大利亚有一种喷水树，树根粗壮繁密，树干里贮藏了大量的水。要是附近发生

了火情，消防人员只要在树干挖一个小洞，树干中的水就会像自来水一样自动喷出，这样灭火真是很天然呢。

巴西有一种纺锤树，这种树天生两头细，中间粗，酷似一只大纺锤。因为这种树只长了稀疏的几根树杈，远看既像一根大萝卜，又像一个大花瓶，所以又叫萝卜树、花瓶树。一株30米高的树，体内可贮2吨多的水，人们把它誉为“植物水塔”。

在非洲的安哥拉，生长着一种奇怪的树木叫梓柯树。这种树的树杈上生长着馒头大的节苞，节苞里充满了像水那样的无色汁液，这种汁液叫四氯化碳，有很强的灭火作用。节苞表面还有很多很多的小孔。一旦遇到闪耀的火光，节苞上的小孔就会喷出四氯化碳，扑灭火苗。

有一位科学家曾亲身领教过这种树对火的敏感性，他有意地在一棵梓柯树下，用打火机点火吸烟。当他的打火机中的火光一闪，顿时从树中喷出无数白色的液体泡沫，劈头盖脸地朝这位科学家的头上、身上扑来，打火机的火焰被立刻熄灭，而这位科学家也从头到脚都是白沫，浑身湿透，狼狈不堪。

生物学家估计，这种特殊的“灭火”本领可能是一种遗传下来的保护自身的植物生理机能。我们现在所用的灭火器，大多数灭火剂就是四氯化碳。这种树竟然比人类更先使用了化学灭火剂。人们称这种神奇的

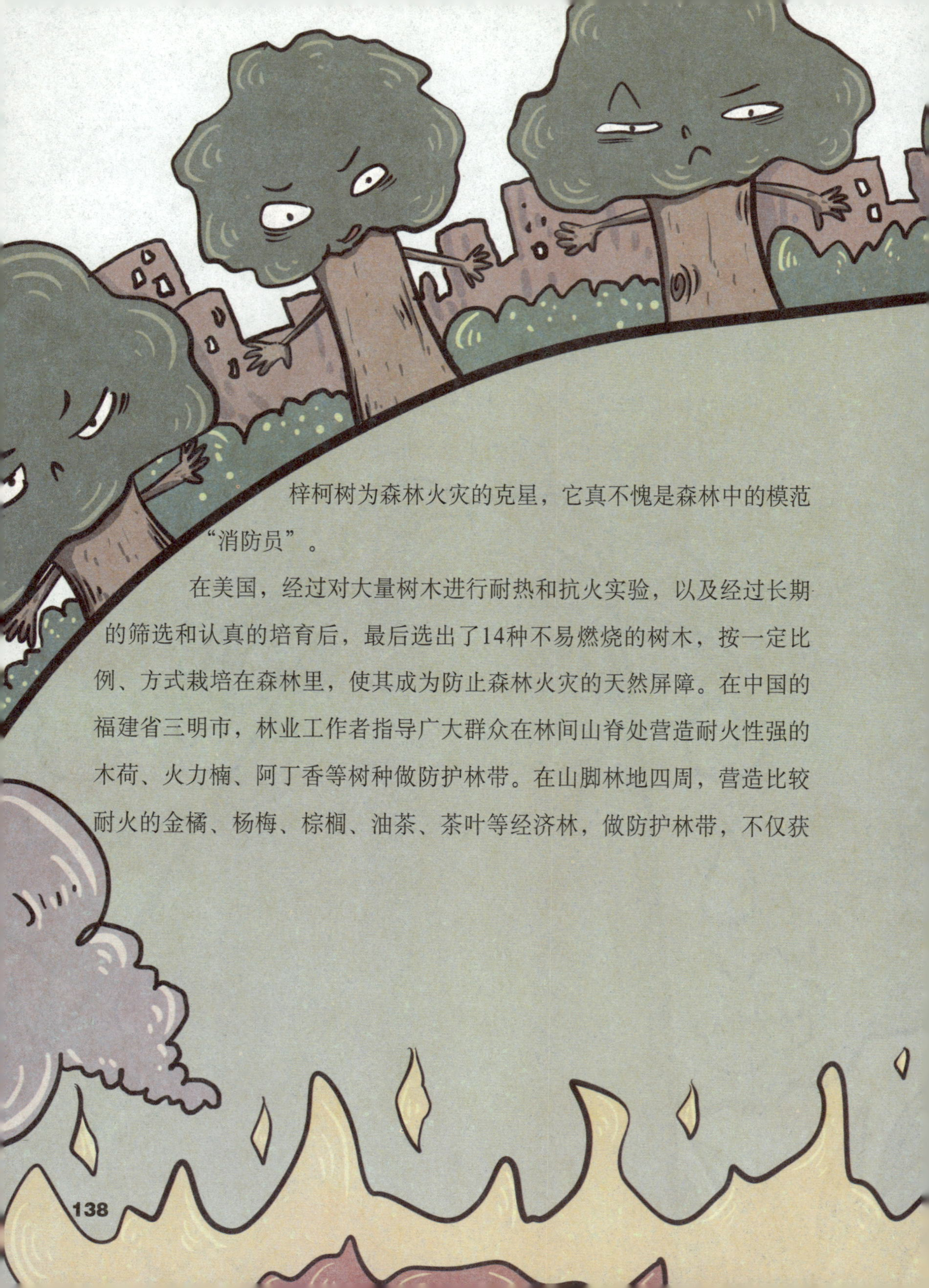

梓柯树为森林火灾的克星，它真不愧是森林中的模范“消防员”。

在美国，经过对大量树木进行耐热和抗火实验，以及经过长期的筛选和认真的培育后，最后选出了14种不易燃烧的树木，按一定比例、方式栽培在森林里，使其成为防止森林火灾的天然屏障。在中国的福建省三明市，林业工作者指导广大群众在林间山脊处营造耐火性强的木荷、火力楠、阿丁香等树种做防护林带。在山脚林地四周，营造比较耐火的金橘、杨梅、棕榈、油茶、茶叶等经济林，做防护林带，不仅获

得较好的经济效益，同时，对阻隔和控制森林火灾的蔓延都已取得了明显的效果。广东省已建成以木荷为主的生物防火林带，在全省形成木荷化、网络化的生物防火格局。

不长叶子的光棍树

我们都知道，绿色植物是通过光合作用制造有机物质的。叶子是光合作用的器官。通常，植物都有叶子。绿叶中的叶绿素，在阳光作用下进行光合作用，不断制造养料。养料被输送到植物的其他部分，使植物正常生长。可是，要是植物没有叶子，它怎么进行光合作用呢？要是不能光合作用，它还能活着吗？答案是肯定的。

在非洲有一种有趣的树。这种树无论春夏秋冬，总是光秃秃的，全树上下看不到一片绿叶，只有许多绿色的圆棍状肉质枝条，人们给它起了个十分形象的名字叫“光棍树”。

光棍树为什么不长叶子呢？它靠什么来制造养分，维持生存呢？

原来，光棍树原产非洲沙漠地区。沙漠地区赤日炎炎，终年少雨，严重缺水，自然环境非常恶劣。为了保水抗旱，原来枝繁叶茂的光棍树，为减少水分蒸发，叶子慢慢退化了、消失了，而枝干变成了绿色，用绿色密集的枝干代替叶子进行光合作用。这样，光棍树就很好地解决了生存问题。

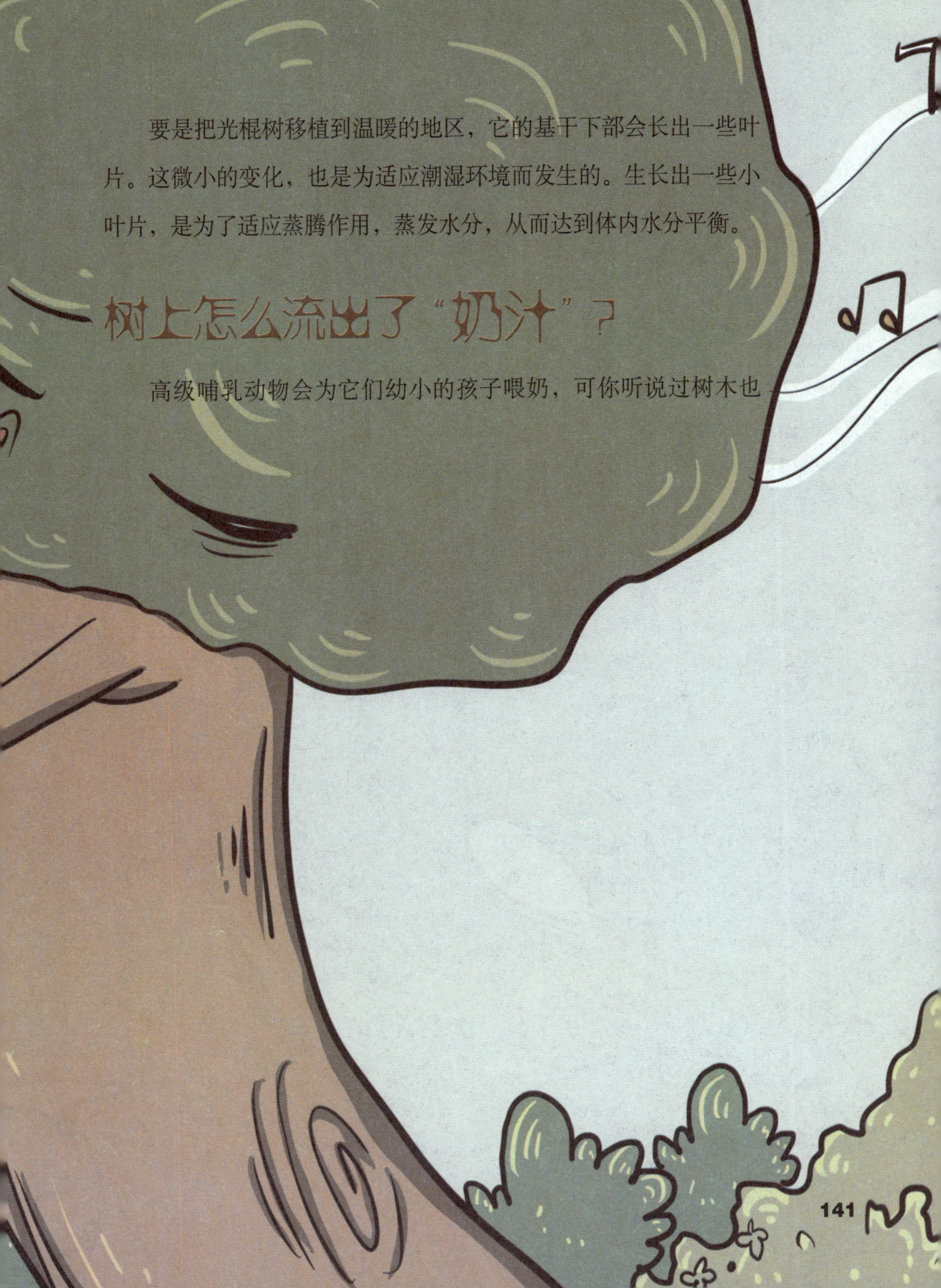

要是把光棍树移植到温暖的地区，它的基干下部会长出一些叶片。这微小的变化，也是为适应潮湿环境而发生的。生长出一些小叶片，是为了适应蒸腾作用，蒸发水分，从而达到体内水分平衡。

树上怎么流出了“奶汁”？

高级哺乳动物会为它们幼小的孩子喂奶，可你听说过树木也能流出“奶汁”吗？在非洲的摩洛哥就有这么一种“奶树”，它就像一位善良的母亲，用自己的奶汁养育它的孩子。

这种树的树身是赤褐色的，有3米多高，它的叶子狭长而且肥厚，开一种细蕊似的白色花球，看起来十分美丽。

当花球凋零的时候，在花球的蒂托处就会结出一个椭圆形的奶苞，苞尖上生有一条柳丝般的长长的奶管。

当奶苞成熟之后，奶管里就会流出一种黄色的奶汁。

奶树的繁殖，不是用种子，而是从树根上萌生

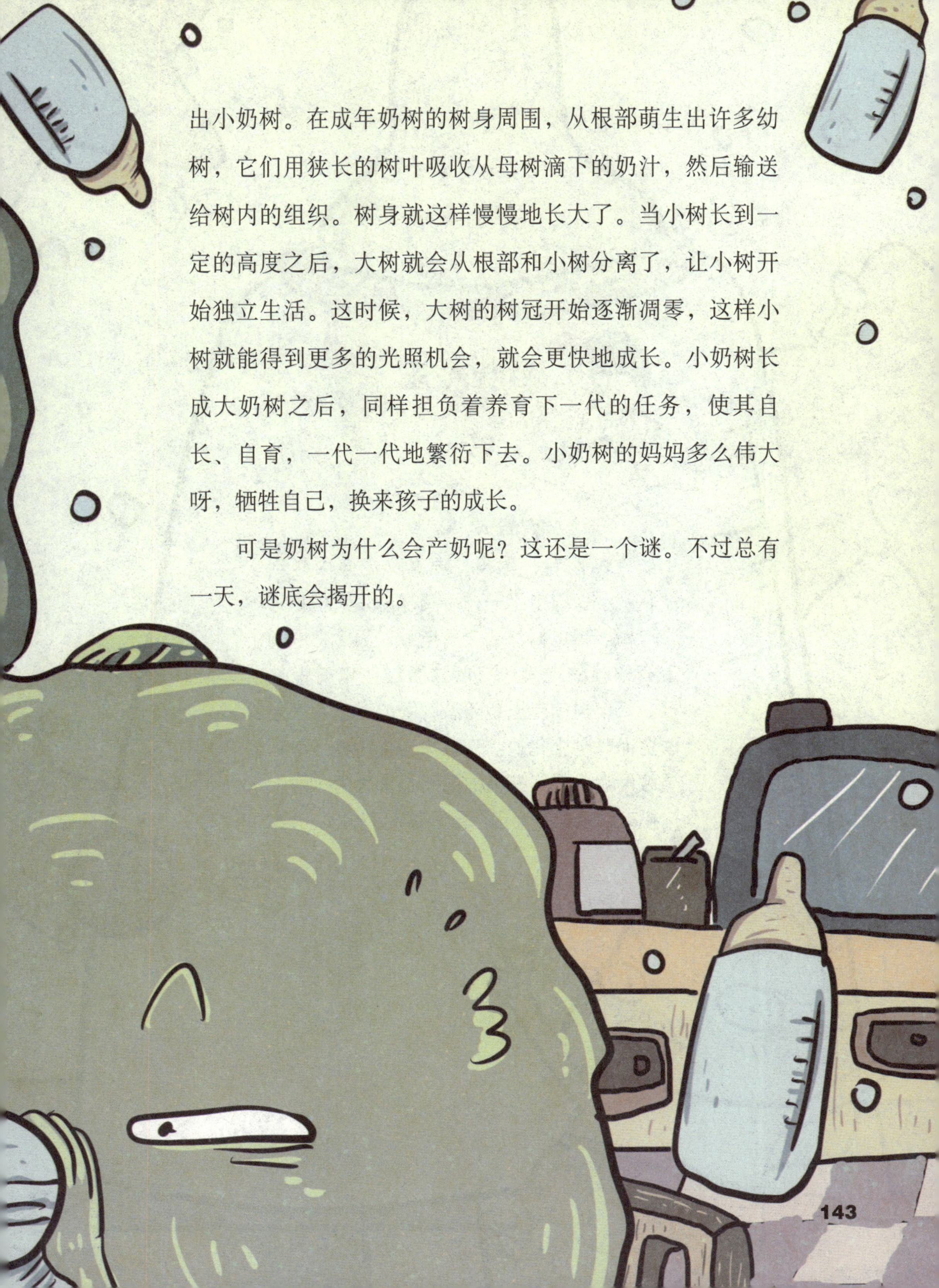

出小奶树。在成年奶树的树身周围，从根部萌生出许多幼树，它们用狭长的树叶吸收从母树滴下的奶汁，然后输送给树内的组织。树身就这样慢慢地长大了。当小树长到一定的高度之后，大树就会从根部和小树分离了，让小树开始独立生活。这时候，大树的树冠开始逐渐凋零，这样小树就能得到更多的光照机会，就会更快地成长。小奶树长成大奶树之后，同样担负着养育下一代的任务，使其自长、自育，一代一代地繁衍下去。小奶树的妈妈多么伟大呀，牺牲自己，换来孩子的成长。

可是奶树为什么会产奶呢？这还是一个谜。不过总有一天，谜底会揭开的。

树会发电吗?

在印度有一种树，要是你无意中碰到它了，就会像被电了一样手指发麻，人们把它叫带电树。带电树怎么会发电呢？因为它的叶子上有很强的电荷，它就靠着这些电荷保护自己。带电树的电压是随着时间的变化和气温的改变而时刻变化的。带电树还能影响指南针的灵敏度呢。要是在树的周围25米之内，放上一个指南针，指针会因为剧烈摆动而失灵。